FEIZHUANJIYIN DADOU YOUZHI TUOSE JI GONGE YAYOUSUAN
DADOU FENMO GANYOUZHI ZHIBEI DE YANJIU

非转基因大豆油脂脱色及共轭亚油酸大豆粉末甘油酯制备的研究

屈岩峰◎著

中国纺织出版社有限公司

图书在版编目（CIP）数据

非转基因大豆油脂脱色及共轭亚油酸大豆粉末甘油酯制备的研究／屈岩峰著．--北京：中国纺织出版社有限公司，2024.7

ISBN 978-7-5229-1795-5

Ⅰ．①非… Ⅱ．①屈… Ⅲ．①大豆油–油脂制备–研究 Ⅳ．①TS225.1

中国国家版本馆 CIP 数据核字（2024）第 107404 号

责任编辑：毕仕林　　责任校对：寇晨晨　　责任印制：王艳丽

中国纺织出版社有限公司出版发行
地址：北京市朝阳区百子湾东里 A407 号楼　邮政编码：100124
销售电话：010—67004422　传真：010—87155801
http://www.c-textilep.com
中国纺织出版社天猫旗舰店
官方微博 http://weibo.com/2119887771
三河市宏盛印务有限公司印刷　各地新华书店经销
2024 年 7 月第 1 版第 1 次印刷
开本：710×1000　1/16　印张：10.5
字数：128 千字　定价：98.00 元

前言

非转基因大豆即未经过转基因技术培育的大豆，其概念是与转基因大豆相对的。我国作为大豆的原产地，大豆的种植与加工有着悠久的历史，近年来，由于世界范围内对于大豆及其副产物的需求量增长较快，转基因大豆逐渐在市场兴起，非转基因大豆的市场占有率有下降趋势。但非转基因大豆，特别是主产区为我国东北的非转基因大豆，由于其具有高蛋白、氨基酸种类丰富、油脂中不饱和脂肪酸含量高等优势，更应受到重视并对其精深加工做深入研究与探讨。

共轭亚油酸是人和动物不可或缺的脂肪酸之一，却是自身无法合成的一种具有显著药理作用和营养价值的物质，对人体健康大有益处。大量文献证明，共轭亚油酸具有一定抗肿瘤、抗氧化、抗突变、抗菌、降低人体胆固醇、抗动脉粥样硬化、提高免疫力、提高骨骼密度、防治糖尿病及促进生长等生理功能。共轭亚油酸大豆粉末甘油酯为共轭亚油酸提供了很好的活性载体，对其制备方法进行研究有重要意义。在共轭亚油酸大豆粉末甘油酯制备过程中，大豆油脂作为主要原料，其反式脂肪酸和不饱和脂肪酸含量，影响着产品的最终质量，非转基因大豆油脂的脱色工序对油脂的过氧化值、酸值、色泽、反式脂肪酸含量等都有较大的影响，尤其是油脂的色泽和油脂中的反式脂肪酸含量。脱色效果的好坏，直接影响产品的品质及人类的健康，所以对油脂精炼过程中脱色工序的研究与控制变得尤为重要。

本书的两部分内容对非转基因大豆油脂的脱色和以非转基因大豆

油脂为原料制备共轭亚油酸大豆粉末甘油酯进行了研究。在非转基因大豆油脂的脱色部分，通过对不同脱色白土各理化指标的测定，并对脱色白土中影响脱色效果的各种指标进行分析，确定质量最佳的白土进行后续脱色；同时对脱色白土中的铅、铬、锌、铜等重金属的含量与油脂的过氧化值、酸值、脱色率、反式脂肪酸含量等指标的关系进行研究；探索了脱色白土对油脂中β-胡萝卜素和叶绿素的吸附动力学方程，确定吸附动力学方程参数，建立动力学模型；考察了大豆油脂脱色过程中的脱色温度、脱色时间、白土用量和搅拌速度等条件对脱色率的影响；在满足高脱色率的前提下，优化了低反式脂肪酸非转基因大豆油脂脱色工艺。在共轭亚油酸大豆粉末甘油酯制备部分，在无溶剂体系中，用固定化脂肪酶 Novozym 435 催化 CLA 和大豆油反应合成共轭亚油酸大豆粉末甘油酯；在超临界 CO_2 状态下，用固定化脂肪酶 Novozym 435 催化 CLA 和大豆油反应合成共轭亚油酸大豆粉末甘油酯，通过分子蒸馏对其纯化，以酸价和甘油三酯含量为指标，进行单因素试验；考察了一级分子蒸馏进料温度、进料速率、刮膜器转速、蒸馏温度和二级蒸馏温度，最终确定最佳的分子蒸馏条件；以大豆分离蛋白（SPI）和麦芽糊精（MD）为壁材，采用喷雾干燥法制备共轭亚油酸大豆粉末甘油酯微胶囊，并优化了工艺参数；通过改变不同组别小鼠的饲料组成，探讨不同饲料组成对小鼠的体重、血脂、身体组成变化的影响，证明了共轭亚油酸大豆粉末甘油酯在降血脂方面有一定效果。

本研究得到了东北农业大学于殿宇教授的悉心指导和热情关怀。在此，谨向于殿宇教授表示最诚挚的感谢！

本研究在非转基因大豆油脂脱色和制备共轭亚油酸大豆粉末甘油酯方面均取得了一定成果。但由于时间和精力有限，油脂中对色泽影响较大的色素类物质，特别是叶绿素和β-胡萝卜素并没有作为本研究的主要考核指标。本研究对脱色白土中重金属对反式脂肪酸的影响进行了初步研究，随着铬、锌、铜、铅等重金属含量的增加，反式脂肪酸含量也在不同程度地增加，但并未对重金属对反式结构形成的过程与机理进行深入探讨，尚需大量试验对此进行深入研究。另外，鉴于作者水平有限，本书在撰写过程中难免存在疏漏，敬请广大读者批评、指正。

著者

2024 年 4 月

目　录

第一部分

1　非转基因大豆油脂的脱色 ………………………………………… 3
1.1　影响大豆油脂品质的主要成分 ……………………………… 3
1.1.1　大豆油脂中的色素类物质 ……………………………… 3
1.1.2　大豆油脂中的其他微量物质 …………………………… 5
1.2　非转基因大豆油脂脱色概述 ………………………………… 7
1.2.1　油脂脱色 ………………………………………………… 7
1.2.2　大豆油脂脱色体系的构成 ……………………………… 8
1.2.3　大豆油脂脱色体系的特点 ……………………………… 8
1.2.4　油脂脱色机理 …………………………………………… 9

2　脱色率影响因素的研究 …………………………………………… 10
2.1　仪器设备与脱色方法 ………………………………………… 10
2.1.1　设备与材料 ……………………………………………… 10
2.1.2　脱色方法 ………………………………………………… 11
2.1.3　检测方法 ………………………………………………… 12
2.2　常压脱色与真空脱色工艺的研究 …………………………… 12
2.3　脱色时间对脱色效果的影响 ………………………………… 14
2.4　脱色温度对脱色效果的影响 ………………………………… 14

2.5　搅拌速度对脱色效果的影响……………………………………15
2.6　白土添加量对脱色效果的影响…………………………………16

3　脱色白土品质对脱色效果影响和对主要色素类物质的吸附动力学研究……………………………………………………18
3.1　脱色白土在油脂脱色中的应用…………………………………18
3.2　拟一级动力学模型和拟二级动力学模型的数学描述……………19
3.2.1　拟一级动力学模型……………………………………………19
3.2.2　拟二级动力学模型……………………………………………19
3.3　材料、试剂与仪器设备…………………………………………20
3.3.1　材料与试剂……………………………………………………20
3.3.2　主要仪器设备…………………………………………………21
3.4　脱色方法及检测方法……………………………………………22
3.4.1　脱色方法………………………………………………………22
3.4.2　检测方法………………………………………………………25
3.5　脱色白土对大豆油脂中主要色素类物质吸附动力学模型的建立……………………………………………………………28
3.6　不同种类脱色白土样品指标对比………………………………32
3.7　白土种类对脱色效果的影响……………………………………32
3.7.1　白土种类对脱色率的影响……………………………………32
3.7.2　白土种类对主要色素类物质吸附量的影响…………………33
3.7.3　白土种类对大豆油脂中磷含量的影响………………………34
3.7.4　白土种类对过氧化值及酸值的影响…………………………34
3.7.5　白土种类对反式脂肪酸含量的影响…………………………35
3.8　脱色白土中重金属对脱色效果的影响…………………………36

3.8.1 脱色白土中重金属对大豆油脂酸值及过氧化值的影响 …… 36
3.8.2 脱色白土中重金属对大豆油脂中反式脂肪酸含量及脱色率的影响 …… 38

4 低反式脂肪酸最佳脱色条件的研究 …… 42
4.1 非转基因大豆油脂中的反式脂肪与油脂精炼工艺 …… 42
4.1.1 反式脂肪酸的概念 …… 42
4.1.2 反式脂肪酸的分类 …… 42
4.1.3 大豆油脂中反式脂肪酸的来源 …… 43
4.1.4 反式脂肪酸的危害 …… 43
4.1.5 大豆油脂中反式脂肪酸的控制 …… 45
4.2 最佳低反式脂肪酸脱色条件的优化方法 …… 47
4.2.1 低反式脂肪酸最佳脱色条件的确定 …… 47
4.2.2 低反式脂肪酸大豆油脂脱色条件的优化 …… 47
4.3 脱色时间对反式脂肪酸含量的影响 …… 48
4.4 脱色温度对反式脂肪酸含量的影响 …… 49
4.5 白土添加量对反式脂肪酸含量的影响 …… 49
4.6 低反式脂肪酸大豆油脱色条件的优化 …… 50
4.6.1 脱色时间和白土添加量对反式脂肪酸含量的影响 …… 52
4.6.2 脱色温度和白土添加量对反式脂肪酸含量的影响 …… 52
4.6.3 脱色温度和脱色时间对反式脂肪酸含量的影响 …… 53
4.7 反式脂肪酸含量比较 …… 54

4.8 最优条件下白土色素吸附量验证试验 …… 54

第二部分

5 富含共轭亚油酸的大豆粉末甘油酯制备研究概述 …… 59
5.1 共轭亚油酸的概述 …… 59
5.1.1 共轭亚油酸的化学结构 …… 59
5.1.2 共轭亚油酸的来源 …… 60
5.2 共轭亚油酸的生理功能 …… 61
5.2.1 抑癌作用 …… 61
5.2.2 防止心血管疾病 …… 61
5.2.3 调节免疫功能 …… 62
5.2.4 减肥作用 …… 62
5.2.5 其他方面作用 …… 63
5.3 共轭亚油酸与大豆油脂脱色工艺 …… 63

6 无溶剂体系酶法酯交换反应条件的确定 …… 65
6.1 结构脂质的酶法合成方法 …… 65
6.1.1 直接酯化法 …… 66
6.1.2 酸解法 …… 67
6.1.3 酯—酯交换法 …… 67
6.1.4 酶法酯交换反应的环境选择 …… 68
6.2 原料、试剂与仪器设备 …… 69
6.2.1 主要原料 …… 69
6.2.2 材料与试剂 …… 69
6.2.3 主要仪器设备 …… 69

6.3 酶法酯交换的方法 …… 70
6.3.1 无溶剂体系酶法酯交换的操作过程 …… 70
6.3.2 无溶剂体系酶法酯交换单因素试验 …… 70
6.3.3 无溶剂体系酶法酯交换条件的优化 …… 71
6.3.4 CLA 总接入率的测定分析 …… 72
6.3.5 橄榄油乳化法测定脂肪酶活力 …… 72
6.3.6 脂肪酶活力单位定义及计算公式 …… 72
6.3.7 气相色谱分析 …… 73
6.4 无溶剂体系酶法酯交换影响因素的确定 …… 73
6.4.1 底物摩尔比对 CLA 接入率的影响 …… 73
6.4.2 体系水分添加量对 CLA 接入率的影响 …… 74
6.4.3 酶用量对 CLA 接入率的影响 …… 74
6.4.4 反应温度对 CLA 接入率的影响 …… 75
6.4.5 反应时间对 CLA 接入率的影响 …… 76
6.5 无溶剂体系酶法酯交换反应条件的优化 …… 77

7 CO_2 超临界状态下酶法酯交换反应条件的研究 …… 79
7.1 超临界流体 …… 79
7.1.1 超临界流体的性质 …… 80
7.1.2 超临界 CO_2 流体萃取在中药中的应用 …… 81
7.1.3 超临界 CO_2 流体萃取在天然香料工业中的应用 …… 81
7.1.4 超临界流体在材料工业中的应用 …… 81
7.1.5 超临界流体在食品工业中的应用 …… 81
7.2 原料、试剂与仪器设备 …… 82
7.2.1 主要原料 …… 82
7.2.2 材料与试剂 …… 82

7.2.3 主要仪器设备…………………………………………………… 83
7.3 CO_2 超临界状态下酶法酯交换的方法 ………………………………… 84
7.3.1 CO_2 超临界状态下酶法酯交换的操作过程 ………… 84
7.3.2 CO_2 超临界状态下酶法酯交换单因素试验 ………… 85
7.3.3 CO_2 超临界状态下酶法酯交换条件的优化 ………… 86
7.4 CO_2 超临界状态下酶法酯交换影响因素的确定 ……………… 86
7.4.1 底物摩尔比对 CLA 接入率的影响 …………………… 86
7.4.2 体系水分添加量对 CLA 接入率的影响 ……………… 87
7.4.3 酶用量对 CLA 接入率的影响 ………………………… 88
7.4.4 反应压力对 CLA 接入率的影响 ……………………… 88
7.4.5 反应温度对 CLA 接入率的影响 ……………………… 89
7.4.6 反应时间对 CLA 接入率的影响 ……………………… 90
7.5 CO_2 超临界状态下酶法酯交换工艺参数的优化 ……………… 90
7.5.1 CO_2 超临界状态下酶法酯交换多元二次模型方程的建立及检验……………………………………………… 90
7.5.2 CO_2 超临界状态下酶促酸解 CLA 接入率响应面交互作用分析…………………………………………… 93

8 分子蒸馏条件的研究…………………………………………………… 96
8.1 概述………………………………………………………………… 96
8.1.1 甘油酯纯化方法概述………………………………………… 96
8.1.2 分子蒸馏在甘油酯纯化上的应用………………………… 97
8.2 原料、试剂与仪器设备………………………………………………… 98
8.2.1 主要原料……………………………………………………… 98
8.2.2 材料与试剂…………………………………………………… 98
8.2.3 主要仪器设备………………………………………………… 99

8.3 分子蒸馏的方法 …… 100
8.3.1 分子蒸馏纯化共轭亚油酸甘油酯的方法 …… 100
8.3.2 分子蒸馏重相组成的液相检测 …… 101
8.4 分子蒸馏操作条件的确定 …… 102
8.4.1 进料温度对纯化效果的影响 …… 102
8.4.2 进料速率对纯化效果的影响 …… 102
8.4.3 刮膜器转速对纯化效果的影响 …… 103
8.4.4 一级蒸馏温度对纯化效果的影响 …… 104
8.4.5 二级分子蒸馏温度对纯化效果的影响 …… 104
8.5 分子蒸馏产品纯度及理化指标 …… 105
8.5.1 分子蒸馏产品收率及纯化效果 …… 105
8.5.2 分子蒸馏产品理化指标分析 …… 106

9 共轭亚油酸甘油酯微胶囊化的研究 …… 108
9.1 微胶囊技术 …… 108
9.1.1 微胶囊的功能 …… 109
9.1.2 微胶囊技术中常见的壁材 …… 110
9.1.3 微胶囊的制造方法 …… 110
9.1.4 微胶囊技术在食品行业的应用 …… 112
9.1.5 微胶囊技术在其他行业的应用 …… 114
9.2 原料、试剂与仪器设备 …… 114
9.2.1 主要原料 …… 114
9.2.2 材料与试剂 …… 115
9.2.3 主要仪器设备 …… 115
9.3 微胶囊的方法 …… 116
9.3.1 微胶囊化工艺流程 …… 116

9.3.2 微胶囊化工艺参数的确定 …… 116
9.3.3 CLA 甘油酯微胶囊乳化液配方的优化 …… 117
9.3.4 CLA 甘油酯微胶囊抗氧化性能的研究 …… 118
9.3.5 微胶囊化产品表面油含量及包埋率测定 …… 118
9.4 共轭亚油酸甘油酯微胶囊化影响因素的研究 …… 119
9.4.1 壁材配比对微胶囊化效果的影响 …… 119
9.4.2 芯材占壁材百分比对微胶囊化效果的影响 …… 119
9.4.3 总固形物含量对微胶囊化效果的影响 …… 120
9.4.4 均质压力对微胶囊化效果的影响 …… 121
9.5 共轭亚油酸甘油酯微胶囊化工艺参数的优化 …… 121
9.5.1 CLA 甘油酯微胶囊化多元二次模型方程的建立及检验 …… 121
9.5.2 CLA 甘油酯微胶囊化包埋率响应面交互作用分析 …… 124
9.6 共轭亚油酸甘油酯微胶囊抗氧化性能的研究 …… 126

10 共轭亚油酸甘油酯功能性的研究 …… 128
10.1 概述 …… 128
10.2 原料、试剂与仪器设备 …… 128
10.2.1 主要原料 …… 128
10.2.2 材料与试剂 …… 129
10.2.3 主要仪器设备 …… 129
10.3 共轭亚油酸甘油酯功能性的研究方法 …… 130
10.3.1 试验分组 …… 130
10.3.2 试验方法 …… 130
10.3.3 指标测定 …… 131

10.4　共轭亚油酸甘油酯对小鼠体重的影响 …………………… 131
10.5　共轭亚油酸甘油酯对小鼠血脂的影响 …………………… 132
10.6　共轭亚油酸甘油酯对小鼠身体组成的影响 ……………… 133

参考文献 ………………………………………………………… 135

附　录 …………………………………………………………… 151

第一部分

1　非转基因大豆油脂的脱色

1.1　影响大豆油脂品质的主要成分

1.1.1　大豆油脂中的色素类物质

1.1.1.1　类胡萝卜素

类胡萝卜素是由 8 个异戊二烯组成的共轭多烯长链为基础的一类色素，因最早发现于胡萝卜而得名。类胡萝卜素是大豆油脂产生黄色、红色的主要色素，是脂溶性而非水溶性的色素，其结构中含有 11 个双键，常见的是β-胡萝卜素和叶黄素，叶黄素是由α-胡萝卜素衍生的二元醇。其结构如图 1-1 所示。

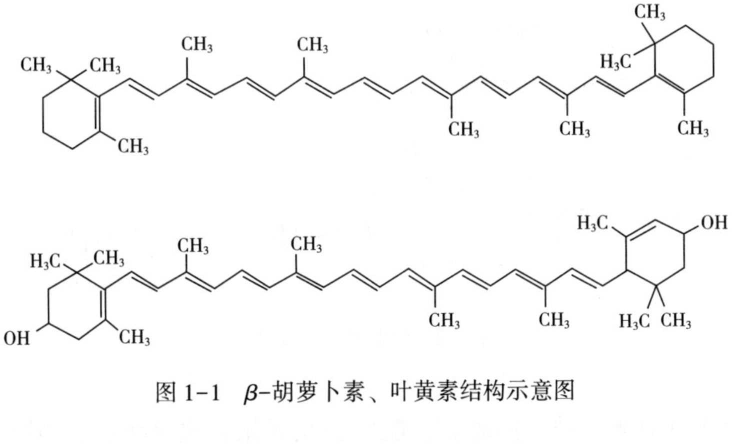

图 1-1　β-胡萝卜素、叶黄素结构示意图

类胡萝卜素是活性氧淬灭剂，对碱稳定，对热、酸和氧化不稳定。在碱炼过程中，油脂会损失一部分胡萝卜素，但大部分还保留在油中，

经过精炼后胡萝卜素含量可降至很低。类胡萝卜素在某些吸附剂上有很强的吸附能力，主要是因为类胡萝卜素的分子不仅有较高的疏水性，其环状结构还能以 π 键与吸附剂上的某些基团相结合。

叶黄素结构可在不同吸附剂上以不同的形式发生吸附，有的是不可逆的化学吸附，有的是可逆的氢键吸附。

1.1.1.2 叶绿素

叶绿素是大豆油脂中产生绿色的主要色素体，是含镁吡咯衍生物和以叶绿醇为主醇的不饱和酯。叶绿素呈深绿或墨绿色油状或糊状，不溶于水，微溶于醇，易溶于丙酮和乙醚等有机溶剂和油脂类物质。大豆油中的叶绿素主要有叶绿素 a 和叶绿素 b，其结构如图 1-2 所示。

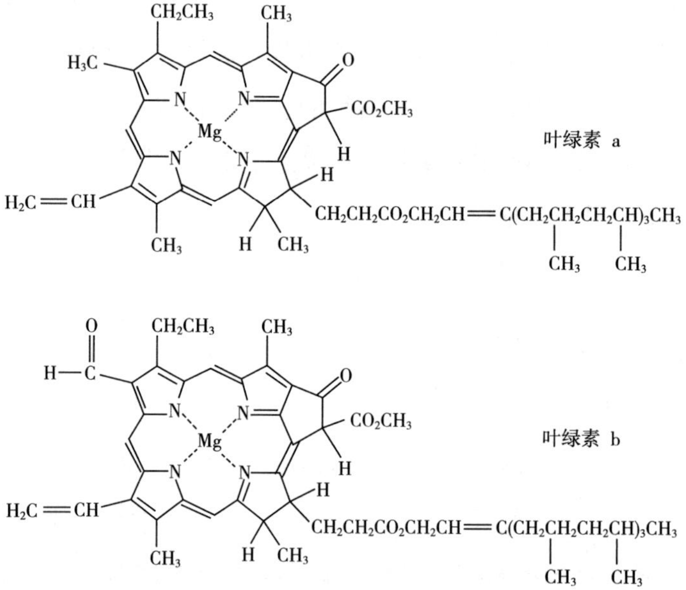

叶绿素 a

叶绿素 b

图 1-2　叶绿素结构示意图

由于其对光、热、酸敏感，能促进光氧化生成单线态氧和羟基游离基，对大豆油脂的氧化稳定性产生影响，但在不同酸碱化学环境中，叶绿素会发生系列化学反应而转化为相关衍生物。从叶绿素的结构示意图可以看出，由于其具有极性基团、疏水性链和多种氢受体基团，在酸活化吸附剂存在的条件下，它可能会以多种吸附方式被具有某种选择性的吸附剂所吸附。

1.1.2 大豆油脂中的其他微量物质

1.1.2.1 磷脂

大豆磷脂可分为水化磷脂和非水化磷脂。脱胶过程会脱除大量的水化磷脂，油中还会存留少量的非水化磷脂。大豆油中非水化磷脂的主要形式为磷脂酸和溶血磷脂酸的钙镁盐。其组成为肌醇一磷酸（2%）、甘油磷酸（15%）、溶血磷脂酸（28%）、磷脂酸（55%）。在植物油中，大部分非水化磷脂是以磷脂酸和溶血磷脂酸的钙镁盐的形式存在的（图 1-3）。

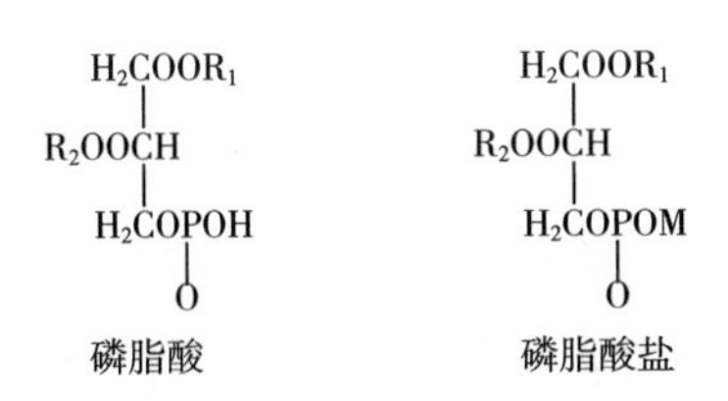

图 1-3 磷脂结构示意图

其中，“M”代表钙、镁离子磷脂酸中的羟基，易形成氢键，R_1、R_2 基团易形成疏水键，因此非水化磷脂同时具有亲油和亲水的特性，在油中可以以多种胶体形式存在。经研究发现，在脱色过程中没有发生明显的催化反应使磷脂发生改变，但磷脂会和其他吸附质在吸附剂上发生竞争性吸附。例如，磷脂会和体系中的甘油三酯竞争吸附剂上的吸附位点，由于甘油三酯的量很多，部分磷脂也会被甘油三酯分子从吸附剂上取代下来。

脱胶后的油脂中依然存在部分磷脂，对产品的品质产生不良影响，在脱色过程中需要进一步对其脱除。

1.1.2.2 游离脂肪酸（FFA）

在原料储存、加工过程中甘油三酯可发生分解反应，生成游离脂肪酸。脱色过程中 FFA 的产生是一个复杂过程，其含量与油中水分、皂含量，以及空气、脱色温度和脱色时间等条件有密切关系。少量水的存在会使甘油三酯发生部分水解作用生成脂肪酸。Keito 等研究表明，采用活化后的吸附剂进行脱色会使大豆油中含量升高，这是由于酸活化吸附剂表面存在许多强的酸性位点，这些酸性位点可催化甘油三酯发生水解反应，这种活性位点催化甘油酯的裂解被认为是 FFA 的主要来源。另一种解释是脱色白土吸附皂中的钠离子，产生了 FFA。总之，两者都与脱色白土的酸活性位点有关，脱色白土中未洗尽的无机酸性盐，也构成了外来的酸性成分，称为残留酸性。残留酸和酸性位点可通过洗涤和与碱发生离子交换除去，但同时脱色白土的脱色效率也会大幅降低。

油脂中含有的游离脂肪酸会占据脱色白土上的活性位点，进而影响油脂中其他物质的有效的吸附。但某些研究表明，存在某些被吸附物质如胡萝卜素无法竞争游离脂肪酸的活性吸附位点。游离脂肪酸还对油脂氧化具有催化作用，与其他色素有协同氧化作用。

1.1.2.3 初级氧化产物和次级氧化产物

用脱色白土进行脱色操作时，体系中发生的不仅仅是吸附反应，其他的化学反应也占有很重要的部分。油脂的氧化可分为两个阶段，产生两大类氧化产物。一类是初级氧化产物，如氢过氧化物，以过氧化值表示其含量；另一类是初级氧化产物再分解形成的次级氧化产物，以茴香胺值表示其含量。

在脱色过程中，油中剩余的初级氧化产物和次级氧化产物的浓度一样，都是吸附反应、脱附反应和氧化生成反应这 3 种反应平衡以后的结果。这平衡产生的结果主要和吸附剂浓度、油氧化阶段、脂肪酸含量，以及抗氧剂和助氧剂的活性相关。当体系中氧化作用超过吸附作用而成为主导作用时，油相中氧化产物的量就会有所上升。因此，为保证产品品质，需要根据不同的反应条件来控制平衡进行的方向。

1.2 非转基因大豆油脂脱色概述

1.2.1 油脂脱色

油脂脱色是生产高质量食用油必需的工序，在此过程中可除去油中的色素、过氧化物、微量金属、残皂和磷脂等，并可防止成品油的回色，提高货架期。油脂脱色过程是食用油精炼的必需过程，最初脱色过程主要是脱除油中的色素物质，采用 LOVIBOND 法进行评价，从红和黄两个方面来评价反应脱色过程的效果。随着对油脂脱色过程认识的深入，人们发现油脂脱色过程不仅可以脱除色素类物质，也是脱除油中微量金属、残留农药、磷、皂等物质的关键过程，对后续的脱臭过程和最终油脂品质指标保证都具有至关重要的作用。关于油脂脱色过程的研究从未间断，研究者越来越清楚地认识到油脂脱色过程的复杂性和研究的必要性。

植物油脂在精炼脱色过程中，油酸、亚油酸、亚麻酸等不饱和脂肪酸在不同程度上形成一定的反式氢过氧化物，在氢过氧化物进一步的反应中产生了反式脂肪酸。除了氢过氧化物转化外，脱色过程中自由基会催化不饱和双键形成反式脂肪酸。在酸性催化剂存在的条件下，脂肪酸发生反式异构化。用于植物油脂脱色的吸附白土具有固体酸的性质，脱色过程直接影响植物油中的反式脂肪酸含量。目前，现有的脱色工艺未考虑脱色过程中脂肪酸的反式异构化，只是从油脂的脱色效果出发，为了达到有效脱色和节约成本的目的，通常对脱色用吸附白土进行充分活化，使吸附剂的表面吸附活性点充分激活，采用尽可能少的吸附剂进行植物油脱色。但是，白土吸附剂表面的活性点除了具有吸附性之外，同时具有酸催化性能，充分激活时酸催化性能大幅增强，易导致脱色过程中形成反式脂肪酸。反式脂肪酸与人类心血管疾病、糖尿病、阿尔茨海默病、癌症等疾病的发生和发展呈正相关。反式脂肪酸已成为近年来油脂加工和食品安全领域关注的焦点，国际组织和欧美各国对反式脂肪酸的膳食安全问题非常重视。因此，有必要对植物油中的反式脂肪酸含量进行严格控制，从植物油中反式脂肪酸含量的角度出发，对脱色工艺进行改进，做到有效吸附脱色，且尽可能降低脂肪酸的反式异构化。

1.2.2 大豆油脂脱色体系的构成

待脱色大豆油体系可看成是一个以甘油三酯为“溶剂”的复杂稀溶液体系。其中含有组成复杂的微量成分，这些成分可分为两大类，一类是色素类物质，另一类是其他微量伴随物。这些色素类物质主要有从油料中带入的天然色素，如叶绿素、叶黄素等。还有在加工过程中形成的色素，主要是由铁、铜、镁的金属衍生物产生的色素。由于色素的来源和性质不同，在受到外界因素影响下所发生的变化也不同。其他微量成分主要是氧化产物、磷脂与糖脂、皂类及一些微量的农药残留、多环芳烃、微量金属等物质。

1.2.3 大豆油脂脱色体系的特点

与水相中的吸附作用相比，油脂脱色体系中的吸附作用有其特殊性。从脱色对象上看，杂质的组分多、性质各异且含量均在数量级；这些杂质在分散尺寸上或大或小，或溶解在油中，或以胶态粒子分散在油中，或悬浮于油中；杂志的化学结构或是表面活性剂，或是电解质，或是小分子氧化产物，或是大分子聚合物；以上使吸附过程呈现复杂性。吸附过程产生的催化、氧化、共轭化和异构化等反应，对油脂和吸附剂本身，都会产生不同程度的影响。

1.2.4 油脂脱色机理

油脂工业中使用白土的目的是脱除油中色素、胶质和皂类等物质。色素主要是叶绿素和类胡萝卜素，胶质主要是磷脂，而皂类物质主要是脂肪酸与碱生成的钠皂。由这些物质分子式可知，它们是具有一定极性的较大分子量的有机物质。白土对这些物质的吸附主要通过物理吸附进行，其作用力为范德瓦耳斯力，也可归为凝聚现象。这是由于白土晶体自身存在着多孔通道，给物理吸附提供了有利条件，其晶体表面存在着三类吸附活性中心：①硅氧四面体中的氧原子；②在八面体侧面与镁离子配位的水分子；③在四面体外的表面由 Si—O—Si 键破裂而产生的 Si—OH 离子团。

这些事实进一步为物理吸附和某些化学吸附提供了有利条件，证明了白土具有强的吸附能力。吸附是在固体表面发生的现象，因此影响吸附的主要因素为吸附剂的比表面和待吸附物质在吸附剂（白土）中的内扩散效应。

脱色白土最重要的性能是其吸附和脱色能力。关于脱色过程的机理，Wiedermann 和 Frankel 认为，白土脱色过程包含物理吸附和化学吸附两个过程，白土对色素物质的吸附是物理吸附过程，而白土对油品氧化性能的影响却是一个化学过程。白土表面带有的电荷使白土具有一定的离子交换能力，即具有催化活性，其活性大小常用白土活性度来表示。Mitchell 和 Kraybill 用紫外光谱也证明，棉籽油、玉米胚芽油、大豆油和亚麻籽油在工业脱色过程中，通过非共轭脂肪酸的异构化作用，一般可产生 0.1%～0.2%共轭脂肪酸。因此，从抑制油脂化学作用而言，白土的活性度越低，对提高油品稳定性越有利。目前，脱色白土的脱色机理尚不十分明确。

2 脱色率影响因素的研究

2.1 仪器设备与脱色方法

2.1.1 设备与材料

2.1.1.1 材料与试剂

材料与试剂见表2-1。

表2-1 材料与试剂

名称	生产厂家
大豆脱胶油	黑龙江双河松嫩大豆生物工程有限责任公司
二甲基硅油	天津市光复精细化工研究所
氢氧化钾	天津市东丽区天大化学试剂厂
可溶性淀粉	天津市光复精细化工研究所
冰乙酸	天津市光复精细化工研究所
乙醚	天津市东丽区天大化学试剂厂
甲醇	天津市东丽区天大化学试剂厂
正己烷	天津市东丽区天大化学试剂厂
丙酮	天津市光复精细化工研究所
石油醚	天津市光复精细化工研究所
三氯甲烷	天津市光复精细化工研究所
95%乙醇	天津市科密欧化学试剂开发中心
酚酞指示剂	北京市庆盛达化工技术有限公司

续表

名称	生产厂家
碘化钾	北京市庆盛达化工技术有限公司
硫代硫酸钠	北京市庆盛达化工技术有限公司
硫酸	北京市庆盛达化工技术有限公司

2.1.1.2 主要仪器设备

主要仪器设备见表2-2。

表2-2 主要仪器设备

名称	生产厂家
721分光光度计	上海分析仪器厂
SF2-960MC型荧光分光光度计	北京中西远大科技有限公司
LDR3-0.7R型蒸汽发生器	温州鹿城江心机械有限公司
马弗炉	上海特成机械设备有限公司
古氏坩埚	天津市天科玻璃仪器制造有限公司
脱色脱臭塔	东北农业大学自行研制
SHZ-D（Ⅲ）型循环水式真空泵	巩义市予华仪器有限责任公司

2.1.2 脱色方法

2.1.2.1 常压脱色与真空脱色工艺的研究

分别在常压状态与0.095MPa真空状态下，油脂中加入3%白土，在脱色温度90℃、搅拌速度200r/min下进行脱色处理。研究常压与真空状态下脱色时间（20min、30min、40min、50min和60min）对油脂过氧化值与酸值的影响。

2.1.2.2 脱色时间对脱色效果的影响

选取反应条件为：真空度0.095MPa、脱色温度80℃、脱色白土用量3%、搅拌速度200r/min。研究脱色时间（10min、20min、30min、

40min、50min 和 60min）对脱色率与酸值的影响。

2.1.2.3 脱色温度对脱色效果的影响

选取反应条件为：真空度 0.095MPa、脱色白土用量 3%、脱色时间 20min、搅拌速度 200r/min，研究脱色温度（70℃、80℃、90℃、100℃、110℃和 120℃）对脱色率与酸值的影响。

2.1.2.4 搅拌速度对脱色效果的影响

选取反应条件为：真空度 0.095MPa、脱色白土用量 3%、脱色时间 20min。研究搅拌速度（180r/min、200r/min、220r/min、240r/min 和 260r/min）对脱色率与酸值的影响。

2.1.2.5 白土添加量对脱色效果的影响

选取反应条件为：真空度 0.095MPa、脱色时间 20min、脱色温度 80℃、搅拌速度 200r/min。研究白土添加量（1%、2%、3%、4%、5% 和 6%）对脱色率与酸值的影响。

2.1.3 检测方法

2.1.3.1 脱色率的计算及测定方法

利用 721 分光光度计（1cm 比色皿）测定大豆油脱色前后的吸光度计算脱色率，检测光波长为 665nm，以蒸馏水作参比。脱色率（%）= $(A_0-A_1)/A_0\times100\%$，A_0 为大豆油的吸光度，A_1 为脱色后油脂的吸光度。

2.1.3.2 酸值的测定方法

酸值测定按照 GB/T 5530 执行。

2.2 常压脱色与真空脱色工艺的研究

由图 2-1 与图 2-2 可以看出，油脂的过氧化值随时间的延长而降低，当降低到一定值后趋于稳定；酸值随着时间的延长先迅速下降，而后略有上升。在各时间段，真空脱色的过氧化值与酸值均小于常压的过氧化值与酸值，所以随着脱色时间的延长，真空对脱色效果的影响较为明显。因此，采用真空条件更有利于大豆油脂脱色。

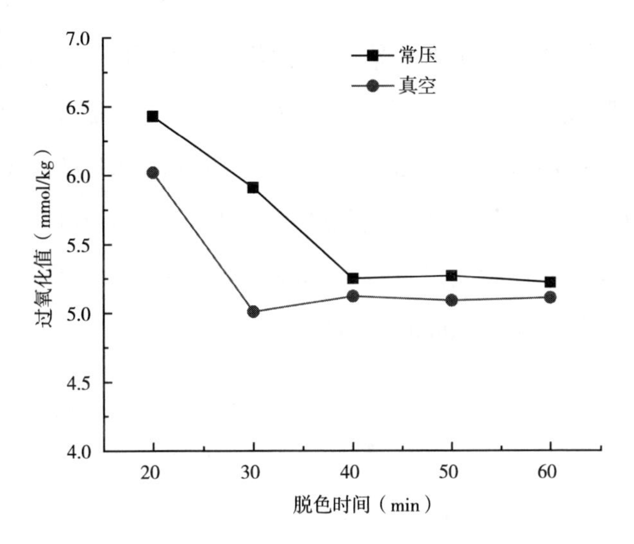

图 2-1　不同压力条件对过氧化值的影响

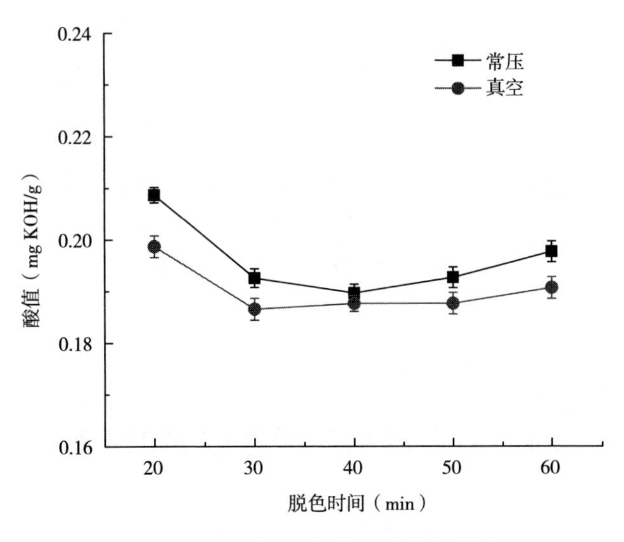

图 2-2　不同压力条件对酸值的影响

2.3　脱色时间对脱色效果的影响

由图2-3可知，随着时间延长，脱色率逐渐升高，当时间为30min时达到最大值，之后脱色率开始逐渐下降。主要原因为30min之前，脱色处于初始阶段，在此阶段随着时间的延长，大豆油与脱色剂充分接触，脱色率提高明显；而30min之后，脱色剂的吸附能力逐渐达到饱和状态，且由于脱色剂的存在，脱色过程始终伴随着对油脂的催化氧化，导致油色加深，所以时间过长反而不利于脱色进行，并使得酸值升高。因此，脱色时间控制在30min较为适宜。

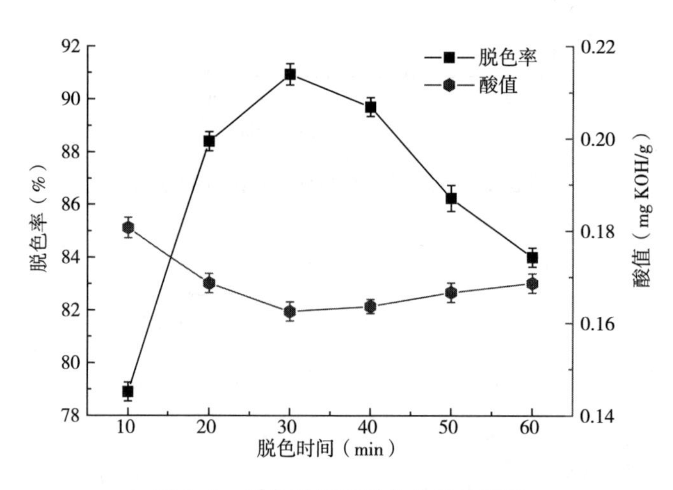

图2-3　脱色时间对脱色效果的影响

2.4　脱色温度对脱色效果的影响

由图2-4可知，随着脱色温度的增加，大豆油脱色率先升高，在

100℃时达到最大值，而后逐渐降低。这是因为随着温度的升高，大豆油的黏度逐渐降低，更有利于脱色剂的吸附，脱色率随之升高。脱色温度过高反而不利于吸附，并引起油脂回色，而且随着温度的升高，白土对游离脂肪酸的吸附能力下降，酸值升高。所以，脱色温度为100℃时较为适宜。

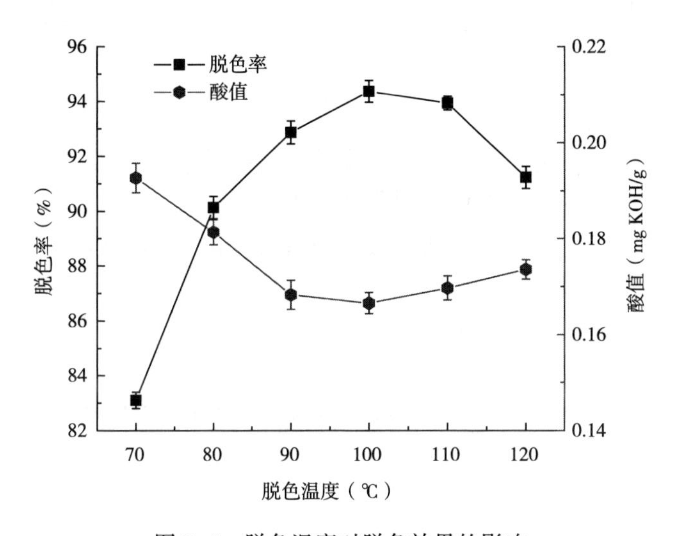

图 2-4 脱色温度对脱色效果的影响

2.5 搅拌速度对脱色效果的影响

由图 2-5 可以看出，随着搅拌速度加快，脱色率逐渐升高，达到220r/min 后，脱色率升高缓慢。这主要是由于大豆油黏度较大，搅拌有利于降低黏度，增加白土与油中色素的碰撞可能，提高吸附脱色速率。但搅拌速度对酸值的影响并不明显。所以，搅拌速度选择 220r/min 较为适宜。

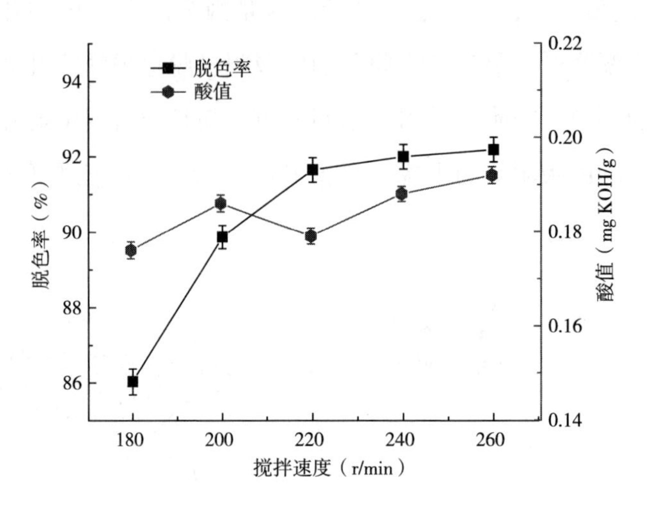

图 2-5　搅拌速度对脱色效果的影响

2.6　白土添加量对脱色效果的影响

由图 2-6 可知，随着脱色剂用量增大，大豆油的脱色率逐渐升高；脱色剂用量达到 4%时，脱色率的升高开始缓慢；用量为 6%时，脱色率反而降低。这是因为脱色过程对过氧化值起降低作用，可能是由于油脂氧化形成的醛、酮、酸、醇、酯等化合物，相对于油脂及色素类物质具有更强的极性，可被脱色白土优先吸附。随着油脂氧化程度加深，脱色率有所降低，而且脱色剂用量过大，油耗会增大，油脂也会带有过浓的白土味，给油脂脱臭造成困难。同时，酸值随着白土添加量的增加而逐渐降低，因为加入一定量的脱色白土可提高其对游离脂肪酸的吸附效果，但随着添加量的增多，酸值的降低逐渐缓慢。所以，综合考虑脱色剂的成本问题，脱色剂用量选择 4%较为适宜。

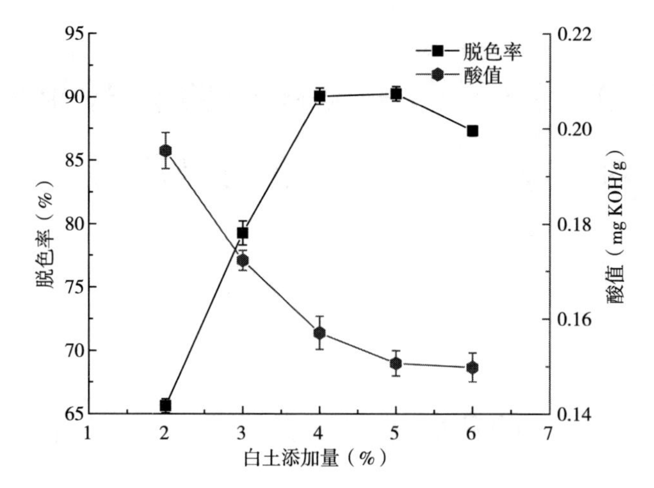

图 2-6　白土添加量对脱色效果的影响

3 脱色白土品质对脱色效果影响和对主要色素类物质的吸附动力学研究

3.1 脱色白土在油脂脱色中的应用

植物油是人民生活中不可缺少的物质，但植物油中含有许多杂质及色素和有臭物质，这些物质中有些危害人们的身体健康。随着生活水平的提高，人们对植物油的质量、纯度和味道要求越来越高。这就要求对植物油进行脱色、脱臭和脱除杂质。

油脂中的色素可分为天然色素和非天然色素。天然色素主要包括胡萝卜素、叶绿素和叶红素等。非天然色素是油料在贮藏、加工过程中的化学变化引起的：铁离子与脂肪酸作用生成的脂肪酸铁盐溶入油中，会加深油色，一般呈深红色；醌类及蛋白质的分解使油脂呈棕褐色；叶绿素受高温发生变化生成呈赤色的物质，这种叶绿素红色变体在脱色工序中是最难除去的。在油脂中加入的脱色白土和活性炭等能起到吸附叶绿素和胡萝卜素系色素的作用，但活性碳价格昂贵，分离手段复杂。目前，脱色白土被国内外广泛用于各类植物油、动物油和矿物油的脱色精制，如豆油、菜籽油、花生油、棉籽油、葵花籽油、棕榈油、椰子油、蓖麻油、茶油、玉米胚油、核桃油、麻油、桐油和红花油等。

然而，脱色白土对油脂的脱色也会经常导致油脂酸值升高及储存中返色的问题。针对此问题，左青研究表明，精炼植物油在储存过程中返色主要是由油脂自动氧化造成的。油脂自动氧化是游离基链反应，是食用油脂产生游离脂肪酸，再分解产生低分子的醛、酮、酸、醌等，导致油脂酸值升高，折光指数增大，黏度、色泽、气味发生变化。有人认为油脂中含有微量的皂类，在脱色时脱色白土中的 H^+ 就会和微量的钠皂反应，使脂肪酸游离出来，酸值升高。目前，尚不能准确说明是哪一种或哪几种因素造成油脂酸值升高或返色。

此外，脱色白土中经常存在少量铅、镉、锌等重金属，对油脂的品质均会产生不同程度的影响。目前，关于白土中重金属对油脂品质影响的研究较少，因此此方向仍有大量问题尚待解决。

3.2 拟一级动力学模型和拟二级动力学模型的数学描述

3.2.1 拟一级动力学模型

Trivedi 等人建立的拟一级动力学模型（pseudo first-order kinetic model），其表达式为：

$$\lg(Q_e - Q) = \lg Q_e - \frac{k_1}{2.303}t$$

式中：Q——单位质量脱色白土在 t 时刻时吸附色素的量，mg/g；

Q_e——拟一级动力学模型中的最大吸附量，mg/g；

k_1——拟一级动力学模型的吸附速率常数，min。

3.2.2 拟二级动力学模型

建立在速率控制步骤是化学反应或通过电子共享/电子得失的化学吸附基础上的拟二级动力学模型（pseudo second-order kinetic model），其方程可表达为：

$$\frac{t}{Q}=\frac{1}{k_2Q_e^2}+\frac{t}{Q_e}$$

式中：Q_e——拟二级动力学模型中的最大吸附量，mg/g；

k_2——拟二级动力学模型的吸附速率常数，g/mg · min。

动力学模型研究吸附过程的应用主要是利用两种动力学模型对实验数据进行拟合，寻找与吸附数据最相吻合的方程，对其可能的吸附机理进行探讨。

3.3 材料、试剂与仪器设备

3.3.1 材料与试剂

材料与试剂见表3-1。

表3-1 材料与试剂

名称	生产厂家
大豆脱胶油	黑龙江双河松嫩大豆生物工程有限责任公司
脱色白土样1	大庆日月蛋白有限公司
脱色白土样2	大庆日月蛋白有限公司
脱色白土样3	黑龙江双河松嫩大豆生物工程有限责任公司
脱色白土样4	黑龙江双河松嫩大豆生物工程有限责任公司
二甲基硅油	天津市光复精细化工研究所
氧化锌	天津市科密欧化学试剂开发中心
氢氧化钾	天津市东丽区天大化学试剂厂
可溶性淀粉	天津市光复精细化工研究所
冰乙酸	天津市光复精细化工研究所
乙醚	天津市东丽区天大化学试剂厂
甲醇	天津市东丽区天大化学试剂厂

续表

名称	生产厂家
正己烷	天津市东丽区天大化学试剂厂
丙酮	天津市光复精细化工研究所
石油醚	天津市光复精细化工研究所
三氯甲烷	天津市光复精细化工研究所
95%乙醇	天津市科密欧化学试剂开发中心
酚酞指示剂	北京市庆盛达化工技术有限公司
碘化钾	北京市庆盛达化工技术有限公司
硫代硫酸钠	北京市庆盛达化工技术有限公司
硫酸	北京市庆盛达化工技术有限公司
钼酸钠	北京市庆盛达化工技术有限公司
硫酸钠	天津市光复精细化工研究所
反式脂肪酸标准品	Sigma 公司

3.3.2 主要仪器设备

主要仪器设备见表 3-2。

表 3-2 主要仪器设备

名称	生产厂家
721 分光光度计	上海分析仪器厂
SF2-960MC 型荧光分光光度计	北京中西远大科技有限公司
LDR3-0.7R 型蒸汽发生器	温州鹿城江心机械有限公司
马弗炉	上海特成机械设备有限公司
古氏坩埚	天津市天科玻璃仪器制造有限公司
脱色脱臭塔	东北农业大学自行研制
SHZ-D（Ⅲ）型循环水式真空泵	巩义市予华仪器有限责任公司
Aligent 7890A 气相色谱仪	安捷伦公司
CP-Sil-88 强极性毛细管气相色谱柱	瓦里安公司

3.4 脱色方法及检测方法

3.4.1 脱色方法

3.4.1.1 脱色脱臭工艺过程

脱色后检测产品的脱色率、叶绿素含量、β-胡萝卜素含量、磷含量、过氧化值及酸值。脱色、脱臭工艺流程图见图 3-1，脱色、脱臭反应装置图见图 3-2。

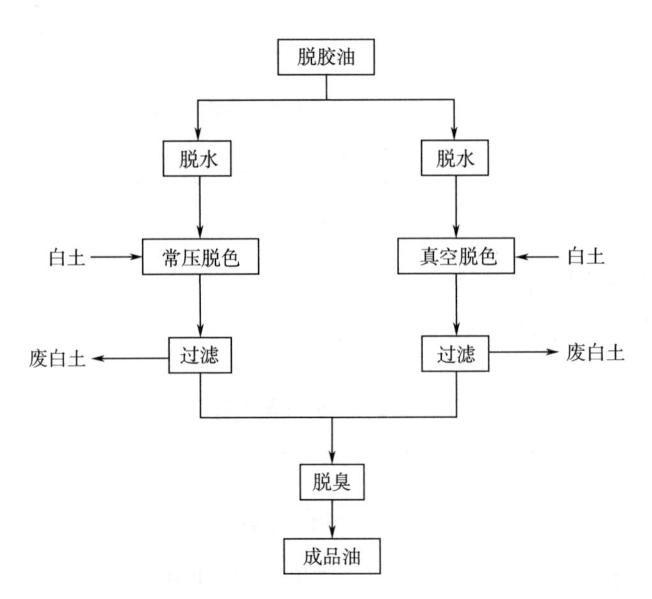

图 3-1 脱色、脱臭工艺流程图

3.4.1.2 脱臭工艺参数

采用脱臭工艺参数为：脱臭时间 60min、脱臭温度 250℃、真空度 0.08MPa、蒸汽用量 90kPa。脱臭后检测产品中反式脂肪酸含量。

3.4.1.3 脱色白土对主要色素类物质的吸附动力学研究方法

选取反应条件为：真空度 0.095MPa、脱色白土用量 3%、搅拌速度

图 3-2 脱色、脱臭反应装置图

220r/min。分别在脱色温度为 80℃、90℃、100℃的条件下，研究脱色时间（10min、20min、30min、40min 和 50min）对 β-胡萝卜素、叶绿素的吸附量变化，根据 Lagergren 方程对试验数据进行拟合。

3.4.1.4 白土种类对脱色效果的影响

分别加入 4 种脱色白土，在白土用量 3%、脱色时间 40min、脱色温度 120℃、搅拌速度 200r/min 常压下进行脱色处理。分别对各样品的脱色率、叶绿素吸附量、β-胡萝卜素的吸附量、磷含量、过氧化值、酸值、反式亚油酸含量进行测定，研究白土的粒度、pH 值、重金属含量等对各指标的影响。选出脱色效果最好的一个白土样品，用于后续试验。

3.4.1.5 重金属添加方式

选择 Cr^{3+}、Zn^{2+}、Cu^{2+}、Pb^{2+} 以不同含量分别加入脱色白土中，充分搅拌、混匀，再烘干，备用。

3.4.1.6 脱色白土中重金属对大豆油脂品质的影响

（1）脱色白土中金属铬含量对大豆油脂品质的影响

选取反应条件为：真空度 0.095MPa、脱色温度 120℃、脱色白土用量3%、搅拌速度220r/min、脱色时间40min。研究白土中金属铬含量（0、10mg/kg、20mg/kg、30mg/kg、40mg/kg和50mg/kg）对过氧化值与酸值的影响（其他重金属含量极低）。

（2）脱色白土中金属锌含量对大豆油脂品质的影响

选取反应条件为：真空度0.095MPa、脱色温度120℃、脱色白土用量3%、搅拌速度220r/min、脱色时间40min。研究白土中金属锌含量（0、10mg/kg、20mg/kg、30mg/kg、40mg/kg和50mg/kg）对过氧化值与酸值的影响（其他重金属含量极低）。

（3）脱色白土中金属铜含量对大豆油脂品质的影响

选取反应条件为：真空度0.095MPa、脱色温度120℃、脱色白土用量3%、搅拌速度220r/min、脱色时间40min。研究白土中金属铜含量（0、10mg/kg、20mg/kg、30mg/kg、40mg/kg和50mg/kg）对过氧化值与酸值的影响（其他重金属含量极低）。

（4）脱色白土中金属铅含量对大豆油脂品质的影响

选取反应条件为：真空度0.095MPa，脱色温度120℃，脱色白土用量3%，搅拌速度220r/min，脱色时间40min。研究白土中金属铅含量（0、10mg/kg、20mg/kg、30mg/kg、40mg/kg和50mg/kg）对过氧化值与酸值的影响（其他重金属含量极低）。

3.4.1.7 脱色白土中重金属对大豆油脂中反式脂肪酸含量及脱色率的影响

（1）脱色白土中铬离子对反式脂肪酸与脱色率的影响

选取反应条件为：真空度0.095MPa、脱色温度120℃、脱色白土用量3%、搅拌速度220r/min、脱色时间40min。研究白土中金属铬含量（0、10mg/kg、20mg/kg、30mg/kg、40mg/kg和50mg/kg）对反式脂肪酸与脱色率的影响（其他重金属含量极低）。

（2）脱色白土中锌离子对反式脂肪酸与脱色率的影响

选取反应条件为：真空度0.095MPa、脱色温度120℃、脱色白土用量3%、搅拌速度220r/min、脱色时间40min。研究白土中金属锌含量（0、10mg/kg、20mg/kg、30mg/kg、40mg/kg和50mg/kg）对反式脂肪酸与脱色率的影响（其他重金属含量极低）。

（3）脱色白土中铜离子对反式脂肪酸与脱色率的影响

选取反应条件为：真空度0.095MPa、脱色温度120℃、脱色白土用量3%、搅拌速度220r/min、脱色时间40min。研究白土中金属铜含量（0、10mg/kg、20mg/kg、30mg/kg、40mg/kg和50mg/kg）对反式脂肪酸与脱色率的影响（其他重金属含量极低）。

（4）脱色白土中铅离子对反式脂肪酸与脱色率的影响

选取反应条件为：真空度0.095MPa、脱色温度120℃、脱色白土用量3%、搅拌速度220r/min、脱色时间40min。研究白土中金属铅含量（0、10mg/kg、20mg/kg、30mg/kg、40mg/kg和50mg/kg）对反式脂肪酸与脱色率的影响（其他重金属含量极低）。

3.4.2　检测方法

3.4.2.1　β-胡萝卜素含量的测定方法

准确称取大豆油脂样品0.5000g于小烧杯中，加入5~10g无水Na_2SO_4搅匀。加入20mL丙酮，5mL石油醚提取，静置。将上层清液转入盛有100mL 5% Na_2SO_4溶液的分液漏斗中，再加入10~15mL丙酮—石油醚混合液后提取，提取液并入分液漏斗中。重复提取4~5次，直至提取液无色。将提取液振摇洗涤，弃去下层水溶液，反复用20mL 5% Na_2SO_4溶液洗涤，直至下层水溶液清亮为止。将石油醚提取液通过盛有10g无水Na_2SO_4的小漏斗滤入100mL容量瓶中。用少量石油醚分数次洗涤分液漏斗和无水Na_2SO_4层内的色素。洗涤液并入容量瓶中，定容。用1cm比色杯，石油醚为参比溶液，于450nm波长处测样品吸光度值，用标准曲线法求出β-胡萝卜素的浓度，以供后期计算。

β-胡萝卜素含量计算公式：

$$A = \frac{C \times 10^5}{m}$$

式中：A——样品中β-胡萝卜素的含量，mg/g；

C——从标准曲线查得的β-胡萝卜素浓度；

m——样品质量，g。

3.4.2.2 叶绿素含量的测定方法

称取3.5g大豆油样品溶解在16mL丙酮溶液中，采用分光光度法在652nm处测其吸光度。以95%的丙酮做空白调零。根据公式计算出叶绿素的含量。

叶绿素含量：

$$B = \frac{A_{652} \times V \times 1000}{m \times 34.5}$$

式中：B——样品中叶绿素的含量，mg/g；

V——所取溶液的体积，mL；

A_{652}——测得的吸光值；

m——样品质量，g。

3.4.2.3 油中磷含量的测定方法

磷含量的检验按照《粮油检验　磷脂含量的测定》（GB/T 5537—2008）钼蓝比色法执行。

3.4.2.4 过氧化值的测定方法

过氧化值检验按照《动植物油脂　过氧化值测定》（GB/T 5538—2005）执行。

3.4.2.5 反式脂肪酸（反式亚油酸）含量的测定方法

（1）甲酯化方法

准确称取油脂样品0.02g，加入2mL乙醚溶解，加入2mL甲醇和

2mL 1mol/L KOH-CH_3OH 溶液，再加入 2mL 正己烷，振荡 15min。加 2mL 蒸馏水，摇匀，静置分层后，取上清液，用 0.45μm 膜滤后上机。分别吸取样液 1μL 进样。以各组分的峰面积值，用校正百分率法计算脂肪酸甲酯的质量百分比含量。

（2）检测方法

CP-Sil-88 强极性毛细管气相色谱柱（100m×0.25nm×0.2μm），FID 检测器。

载气为高纯氮气，纯度≥99.999%，流速 10mL/min；燃气为高纯 H_2，纯度≥99.999%，流速 30mL/min；助燃气为空气，流速 300mL/min。

进样口温度为 260℃，检测器温度为 260℃，柱箱初始温度为 45℃，保留 4min，以 13℃/min 升至 175℃，保留 10min，以 4℃/min 升至 215℃，保留 6min。

进样方式为分流进样，分流比 1∶5，隔垫扫吹为 3mL/min。进样体积 1.0μL，以保留时间定性，峰面积定量。

（3）标准样品图

脂肪酸标准品名称见表 3-3，反式脂肪酸标准品气相色谱图见图 3-3。

表 3-3 脂肪酸标准品名称

序号	脂肪酸名称
1	溶剂
2	C18∶1*n*-9（*trans*）
3	C18∶2*n*-9，12（*trans*）
4	C18∶2*n*-9（*cis*），12（trans）
5	C18∶2*n*-9（*trans*），12（*cis*）
6	C18∶2*n*-9（*cis*），12（*cis*）

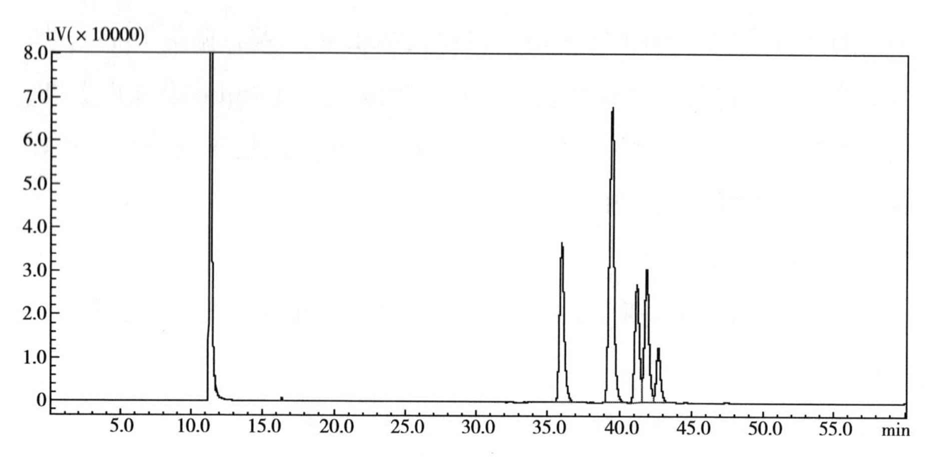

图 3-3 反式脂肪酸标准品气相色谱图

3.5 脱色白土对大豆油脂中主要色素类物质吸附动力学模型的建立

图 3-4 与图 3-5 分别表示在不同温度下，脱色白土吸附 β-胡萝卜素及叶绿素的吸附量与吸附时间的关系。由图可以看出，在三个不同温度条件下，β-胡萝卜素在 40min 后基本达到平衡，温度对吸附速率的变化影响较大，且随着温度的升高，吸附量增大；而叶绿素在 353k（80℃）时反应超过 10min，就基本达到吸附平衡，但吸附量很小。随着脱色温度的上升，30min 基本可达到吸附平衡。此外，在相同吸附条件下，脱色白土对 β-胡萝卜素的吸附量要明显大于对叶绿素的吸附量。

图 3-6 与图 3-7 分别是脱色白土对 β-胡萝卜素与叶绿素的拟一级吸附动力学拟合线。由线性拟合得到一级动力学模型的 k_1、Q_e 和相关系数 R^2，结果如表 3-4 所示。

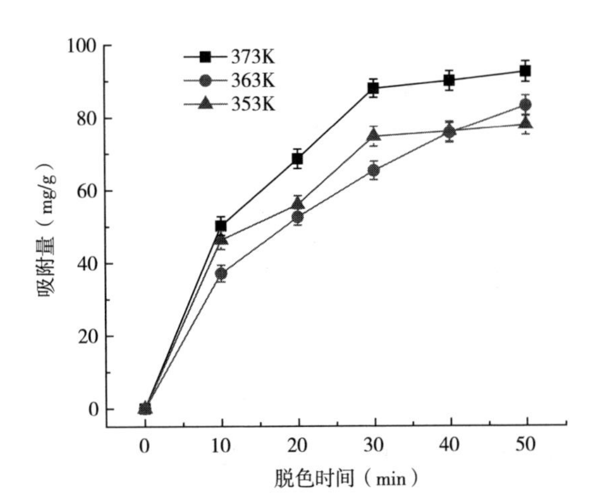

图 3-4　不同温度下脱色白土对β-胡萝卜素的吸附量与脱色时间的关系

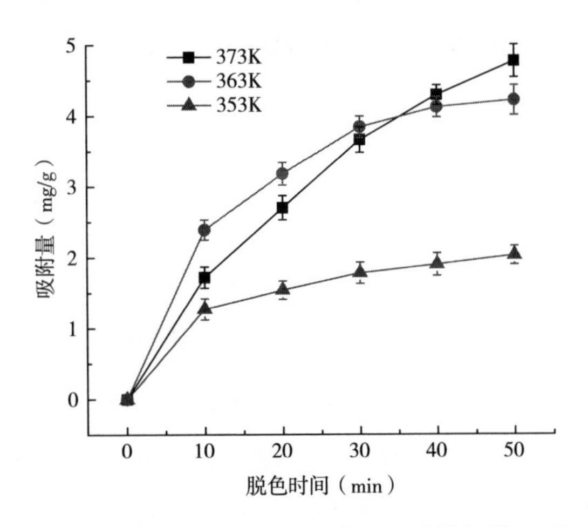

图 3-5　不同温度下脱色白土对叶绿素的吸附量与脱色时间的关系

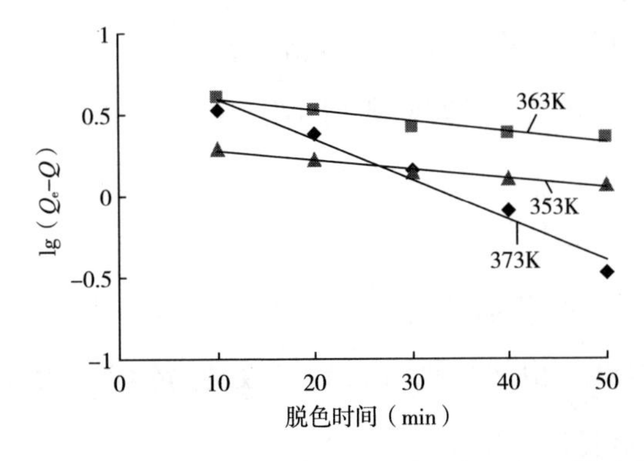

图 3-6　不同温度下脱色白土对β-胡萝卜素的拟一级吸附动力学拟合线

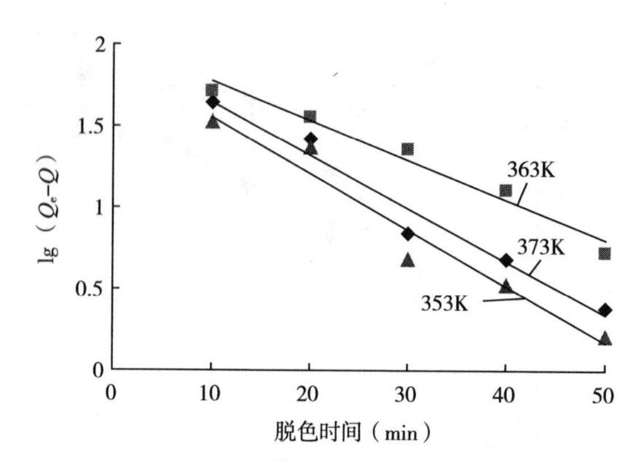

图 3-7　不同温度下脱色白土对叶绿素的拟一级吸附动力学拟合线

表 3-4　不同温度下脱色白土对大豆油脂中β-胡萝卜素与叶绿素的一级吸附动力学模型及参数

色素种类	T（K）	方程	k_1（min）	Q_e（mg/g）	R^2
β-胡萝卜素	373	$\lg(Q_e-Q)=-0.0327t+1.9770$	0.0753	94.84	0.9678
	363	$\lg(Q_e-Q)=-0.0245t+1.9465$	0.0564	88.4	0.9661
	353	$\lg(Q_e-Q)=-0.0346t+1.9000$	0.0797	79.43	0.9505
叶绿素	373	$\lg(Q_e-Q)=-0.0249t+0.8470$	0.0573	7.03	0.9697
	363	$\lg(Q_e-Q)=-0.0064t+0.6493$	0.0147	4.46	0.9292
	353	$\lg(Q_e-Q)=-0.0055t+0.3324$	0.0127	2.15	0.9796

由表 3-4 可知，脱色白土对油脂中β-胡萝卜素与叶绿素的一级吸附动力学方程拟合的相关系数均小于 0.98，该方程的应用可信程度还不够高，所以，需要进一步采用二级吸附动力学方程进行拟合。

图 3-8 与图 3-9 分别是脱色白土对β-胡萝卜素与叶绿素的拟二级吸附动力学拟合线。由线性拟合得到二级动力学模型的 k_2、Q_e 和相关系数 R^2，结果如表 3-5 所示。

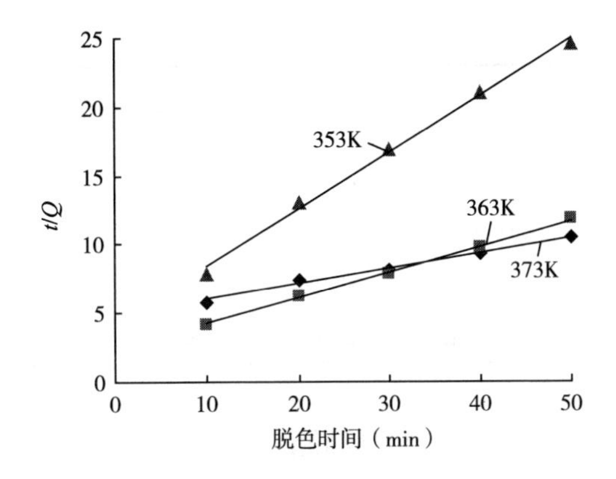

图 3-8　不同温度下脱色白土对 β-胡萝卜素的拟二级吸附动力学拟合线

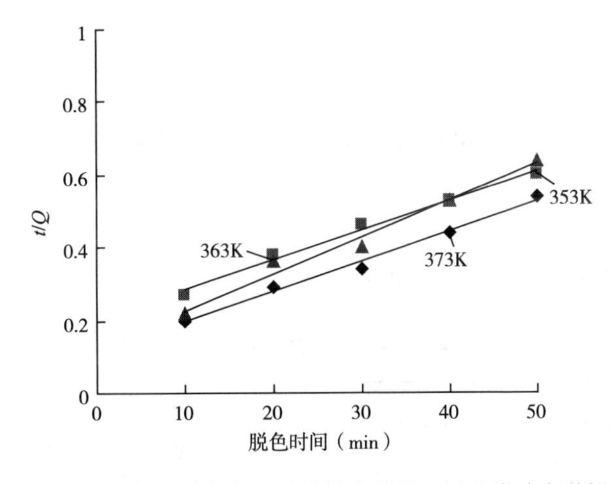

图 3-9　不同温度下脱色白土对叶绿素的拟二级吸附动力学拟合线

表 3-5　不同温度下脱色白土对大豆油脂中 β-胡萝卜素与叶绿素二级吸附动力学模型及参数

色素种类	T（K）	方程	k_2［g/（mg · min）］	Q_e（mg/g）	R^2
β-胡萝卜素	373	$t/Q=0.0084t+0.1129$	6.25×10^{-4}	119.05	0.9893
	363	$t/Q=0.0081t+0.2043$	3.21×10^{-4}	123.47	0.9902
	353	$t/Q=0.0102t+0.1221$	8.52×10^{-4}	98.04	0.9826

续表

色素种类	T (K)	方程	k_2 [g/(mg·min)]	Q_e (mg/g)	R^2
叶绿素	373	$t/Q=0.1124t+4.8554$	0.0026	8.90	0.9910
	363	$t/Q=0.1876t+2.3479$	0.0150	5.33	0.9913
	353	$t/Q=0.41321t+4.2586$	0.0401	2.42	0.9959

由表3-5可知，脱色白土对油脂中β-胡萝卜素与叶绿素的二级吸附动力学方程的相关系数均大于0.98，可见该方程的应用可信程度较高。

3.6 不同种类脱色白土样品指标对比

不同种类脱色白土指标见表3-6。

表3-6 不同种类脱色白土指标（厂家提供）

样品	粒度（目）	pH值	重金属（mg/kg）			
			铅	铬	锌	铜
样品1	160	5.9	3.2	1.2	15.8	未检出
样品2	200	5.3	3.2	1.0	4.9	未检出
样品3	200	5.3	17.5	9.7	16.7	1.9
样品4	160	5.3	3.4	1.3	15.1	未检出

3.7 白土种类对脱色效果的影响

3.7.1 白土种类对脱色率的影响

由图3-10可以看出，样品2的脱色率最高，其他白土脱色能力依次是样品 4、样品 3、样品 1。为了达到较高的脱色率，选择样品 2 比较合适。

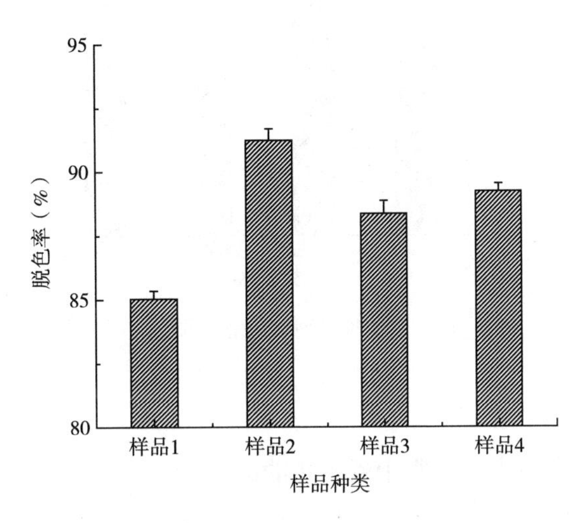

图 3-10　白土种类对脱色率的影响

3.7.2　白土种类对主要色素类物质吸附量的影响

由图 3-11 与图 3-12 可知，白土对 β-胡萝卜素的吸附量相对较大，样品 2 在 β-胡萝卜素和叶绿素的吸附量上均好于其他样品。

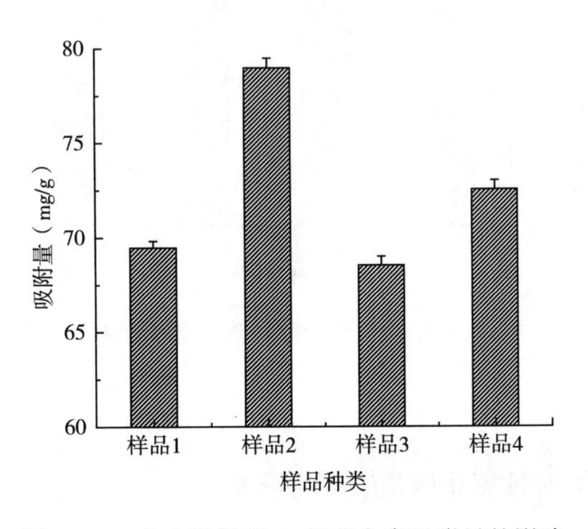

图 3-11　白土种类对 β-胡萝卜素吸附量的影响

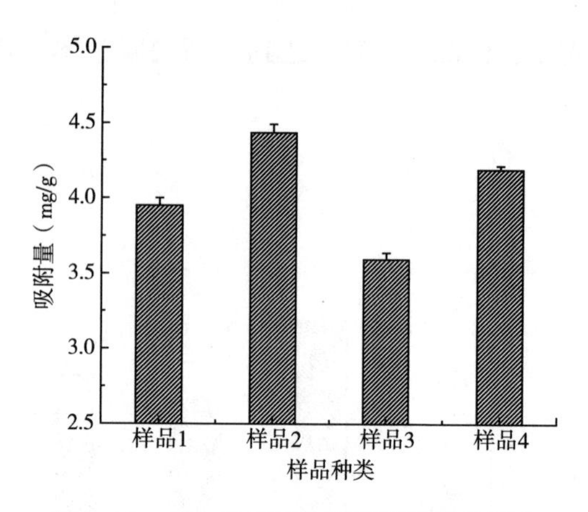

图 3-12　白土种类对叶绿素吸附量的影响

3.7.3　白土种类对大豆油脂中磷含量的影响

由图 3-13 可知，用样品 1 和样品 4 脱色后的大豆油脂中的磷含量最高，用样品 2 脱色后，产品的磷含量最低。

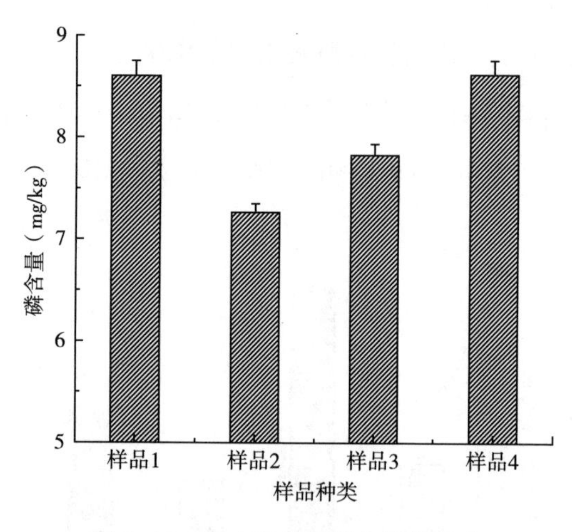

图 3-13　白土种类对磷含量的影响

3.7.4　白土种类对过氧化值及酸值的影响

由图 3-14 和图 3-15 可以看出，经样品 2 脱色后，油脂的酸值和过氧化值均较低。

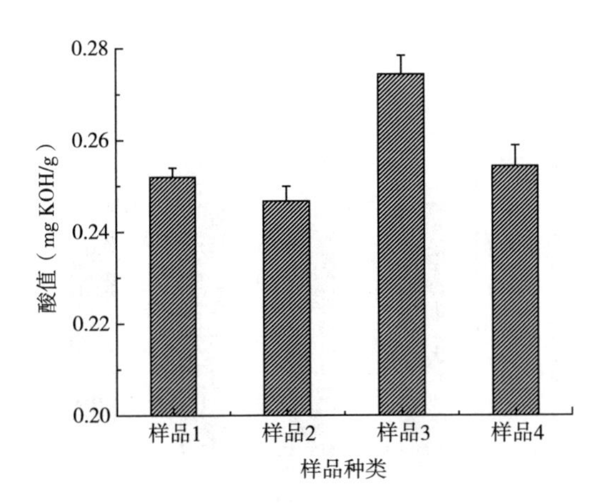

图 3-14 白土种类对酸值的影响

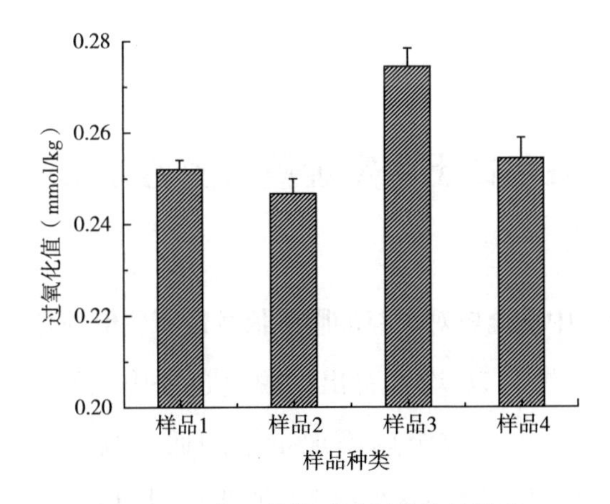

图 3-15 白土种类对过氧化值的影响

3.7.5 白土种类对反式脂肪酸含量的影响

由图 3-16 可知，经样品 2 脱色的油脂与经样品 4 脱色的油脂中，反式脂肪酸含量较低，经样品 3 脱色后的油脂中反式脂肪酸含量较高。由此分析可知，用样品 3 脱色，大豆油脂中反式脂肪酸含量较高，主要是由于脱色白土中重金属含量较高。而用重金属较少的样品 2 脱色，大豆油脂中反式脂肪酸含量较低。所以，为得到反式脂肪酸含量较低的大豆油脂产品，应选择脱色白土样品 2 用于脱色。

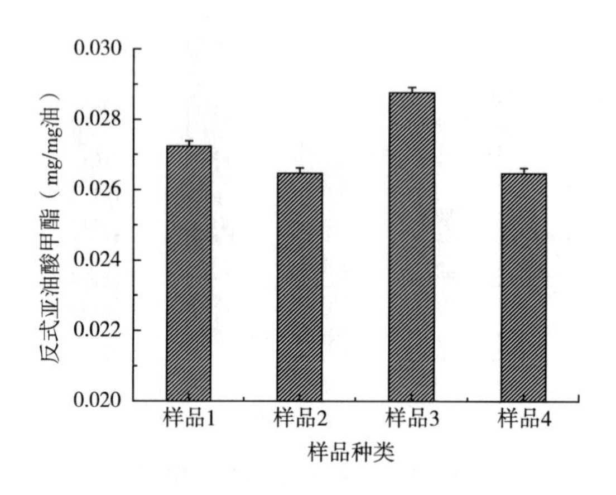

图 3-16　白土种类对反式脂肪酸含量的影响

3.8　脱色白土中重金属对脱色效果的影响

3.8.1　脱色白土中重金属对大豆油脂酸值及过氧化值的影响

由图 3-17~图 3-20 均可看出，脱色过程中大豆油脂的过氧化值和酸值均随着白土中各重金属添加量增加而升高。由图 3-17 可知，当白土中铬的含量超过 20mg/kg 时，油脂的过氧化值超过 5mmol/kg，过氧化值升幅随即增大。由图 3-18 可知，当金属锌的添加量超过 20mg/kg 时，油脂过氧化值超过 5mmol/kg，酸值超过 0.2mgKOH/g。由图 3-19 可以看出，当白土中金属铜的添加量超过 30mg/kg 时，油脂的过氧化值上升的速度加快；而金属铜的添加量超过 20mg/kg 时，油脂的酸值超过 0.2mgKOH/g，同时酸值的升高速度也随即加快。由图 3-20 可以看出，当白土中铅的添加量达到 10mg/kg 时，油脂的过氧化值即超过 5mmol/kg，铅的添加量超过 30mg/kg 时，油脂的酸值上升速度加快。

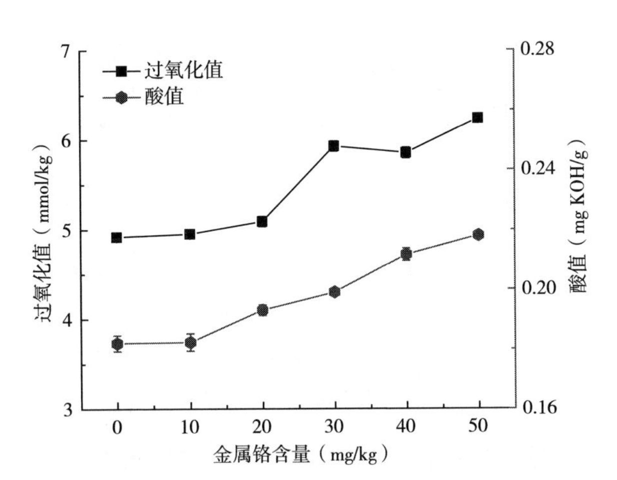

图 3-17 铬的添加量对过氧化值与酸值的影响

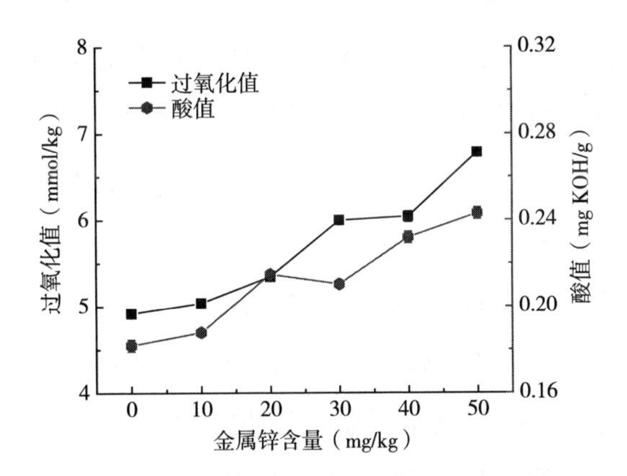

图 3-18 锌的添加量对过氧化值与酸值的影响

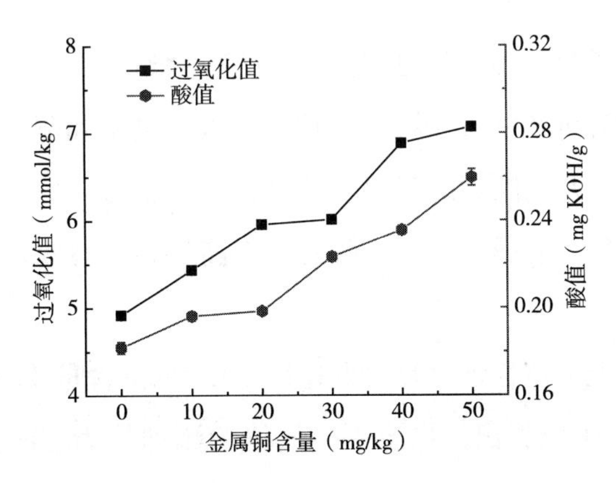

图 3-19 铜的添加量对过氧化值与酸值的影响

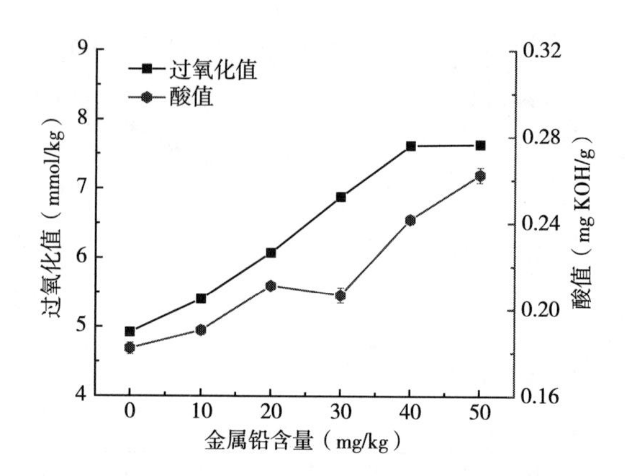

图 3-20　铅的添加量对过氧化值与酸值的影响

由此可以看出，四种重金属对大豆油脂的过氧化值与酸值均有不同程度的影响。这主要是由于这四种重金属在脱色过程中充当了助氧化剂，可以促进氧化物的分解，促进脂肪酸中活性亚甲基的 C—H 键断裂，使其更易与具有活性的分子氧结合，从而使油脂氧化，并增加油脂中游离脂肪酸的含量，对大豆油脂品质产生不良影响。同时，未脱除氧气的油土混合液与已经加热到脱色温度的油脂混合时，由于脱色白土中重金属等成分的催化作用，使油脂中的一些非共轭脂肪酸转变成共轭脂肪酸，共轭脂肪酸更易于氧化，强化了油脂的自动氧化。由图中各重金属对过氧化值与酸值的影响情况可以看出，四种重金属的助氧化顺序为：铅>铜>锌>铬。

由此分析可知，用样品 3 脱色，大豆油脂中酸值与过氧化值均较高，主要是由于样品中重金属含量较高，特别是铅和铜的含量较高。而用样品 2 脱色，大豆油脂的酸值与过氧化值均相对较低。所以，出于对油脂品质的考虑，选择用样品 2 脱色，更能达到理想效果。

3.8.2　脱色白土中重金属对大豆油脂中反式脂肪酸含量及脱色率的影响

由图 3-21 可以看出，白土中金属铬的添加量为 10mg/kg 时，与不添加金属铬相比，脱色率变化较小，反式脂肪酸含量变化也较小。随后，随着金属铬添加量的增加，脱色率逐渐下降，反式脂肪酸含量逐渐上升。当金属铬含量超过 30mg/kg 后，反式脂肪酸含量上升明显。由图 3-22 可知，随着白土中金属锌含量的增加，脱色率逐渐下降。金属锌添加量为 0、10mg/kg、20mg/kg、30mg/kg 时，反式脂肪酸含量变化较小，当金属锌含量超过 30mg/kg 后，反式脂肪酸含量迅速上升。由图 3-23 可知，随着白土中金属铜添加量的增加，脱色率逐渐下降，但反式脂肪酸的变化并不明显，只有当金属铜的添加量达到 50mg/kg 时，反式脂肪酸的含量才有所升高。由图 3-24 可以看出，随着白土中金属铅添加量的增加，脱色率逐渐下降，反式脂肪酸的含量逐渐升高，并且，金属铅的添加量达到 10mg/kg 时，反式脂肪酸含量就达到较高水平，为 0.029mg/mg 油。

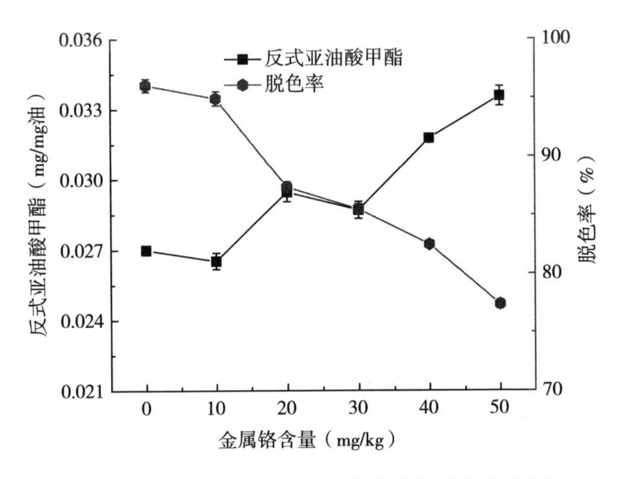

图 3-21 铬的添加量对反式脂肪酸与脱色率的影响

由此可以看出，白土中的重金属对脱色率有降低作用。这可能是因为未脱除氧气的油土混合液在与已经加热到脱色温度的油脂混合时，由于脱色白土中重金属的催化作用，使油脂中的一些非共轭脂肪酸转变成共轭脂肪酸，共轭脂肪酸更易于氧化，强化了油脂的自动氧化，而油脂氧化形成的醛、酮、酸、醇类化合物相对于油脂及色素类物质具有更强的极性，被脱色白土优先吸附，最终致使脱色效率降低。并且，由图可以看出，脱色白土中的铬、锌、铜、铅等重金属会不同程度地增加大豆油脂中的反式脂肪酸含量。其中，铬和铅的添加量对大豆油脂中反式脂肪酸含量的影响较为明显，锌和铜的添加量达到较高值后，大豆油脂中反式脂肪酸的含量才有所上升。脱色白土中的重金属促使大豆油脂中反式脂肪酸含量增高，可能是由于重金属对不饱和脂肪酸的双键有催化作用，在高温下重金属不断攻击脂肪酸的双键，致使双键发生顺反异构化反应。

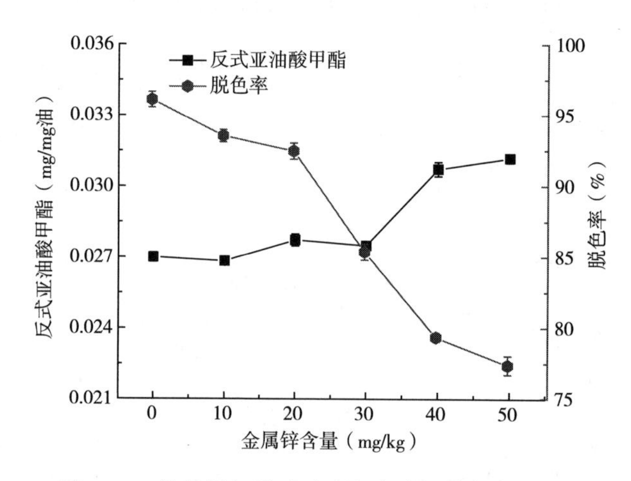

图 3-22　锌的添加量对反式脂肪酸与脱色率的影响

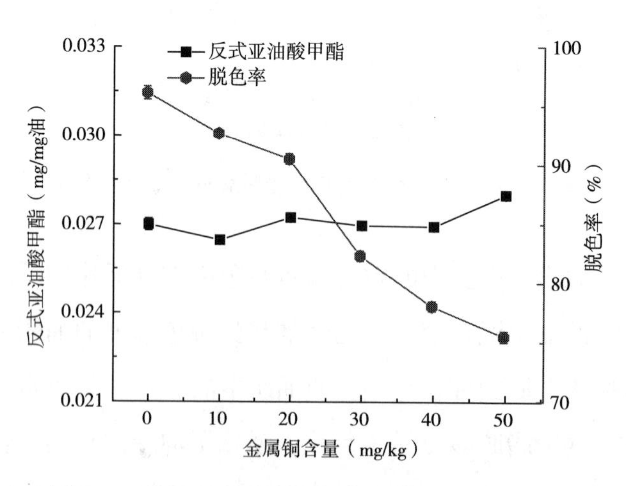

图 3-23　铜的添加量对反式脂肪酸与脱色率的影响

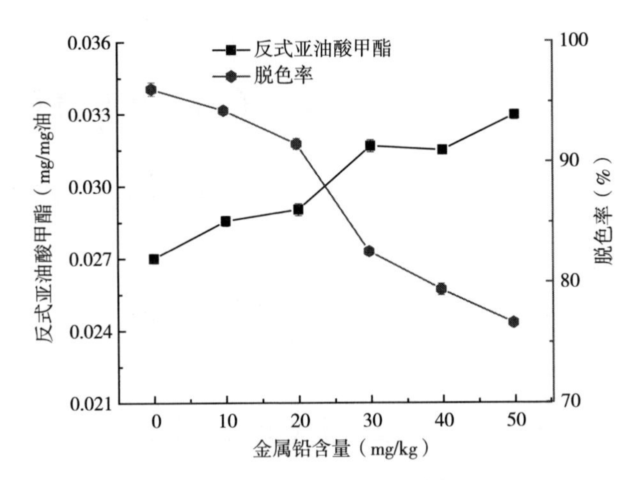

图 3-24 铅的添加量对反式脂肪酸与脱色率的影响

4　低反式脂肪酸最佳脱色条件的研究

4.1　非转基因大豆油脂中的反式脂肪与油脂精炼工艺

4.1.1　反式脂肪酸的概念

反式脂肪酸（TFA）是一系列空间构象发生改变的不饱和脂肪酸，其分子结构为双键的两个氢原子在两侧不同位置，多为固态或半固态，熔点较高，可塑性强。油脂中饱和脂肪酸（SFA）被认为是对人体有害的物质，而由于物理性质好，TFA 曾经常作为饱和脂肪酸的替代品在食品中大量使用，但近年研究发现 TFA 比 SFA 更具有危害性，对人体健康有严重影响。

4.1.2　反式脂肪酸的分类

根据碳原子数目，反式脂肪酸可分为 20 碳反式脂肪酸、18 碳反式脂肪酸、16 碳反式脂肪酸等，但工业生产的制品中主要是 18 碳反式脂肪酸；根据双键数目反式脂肪酸也可以分为反式单烯酸、反式双烯酸等。反式单烯酸的典型代表是 *trans*-9 油酯（*t*9-C18：1）和 *trans*-11-异油酯（*t*11-C18：1），反式双烯酸的典型代表为两种共轭亚油酸（conjugated linoleic acid，CLA）：c9，*t*11-CLA 和 *t*10，*c*12-CLA。最后根据反式酸的位置异构还可以进一步加以区分，如 18 碳单烯酸可分为

t8-、t9-、t10-、t11-、t12-C18∶1 等，这些异构体碳原子数及双键数虽然都相同，但其生理功能区别极大。

4.1.3 大豆油脂中反式脂肪酸的来源

天然脂肪酸几乎不存在反式结构，只有在反刍动物脂肪及其乳制品中有少量发现，其含量占总脂肪酸含量的1%~8%；膳食中 TFA 主要来源于植物油脂选择性氢化后的氢化油脂，如人造奶油、煎炸油、起酥油及其加工后的快餐食品。大豆油脂精炼过程的高温脱臭等也会产生少量的 TFA，主要来源于亚油酸和亚麻酸的顺反异构，其含量一般为总脂肪酸含量的 1%~5%。

4.1.4 反式脂肪酸的危害

4.1.4.1 对必需脂肪酸的消化与吸收有一定影响

TFA 影响 δ-6 脱饱和酶的功能，导致亚油酸转化为花生四烯酸的反应受到严重抑制，甚至对类花生酸的生成有强烈的干涉作用。TFA 在肝中可干扰顺式 γ-亚麻酸和 α-亚麻酸的代谢，且膳食中 n-3 脂肪酸向组织脂肪酸的转化被阻碍，导致产生必需脂肪酸缺乏症。

4.1.4.2 抑制婴幼儿生长发育

TFA 还可通过胎盘转运给胎儿，因母亲摄入氢化油，TFA 通过母乳间接被婴幼儿摄取，受膳食的影响，其在母乳中含量占总脂肪酸含量的1%~18%。其对胎儿影响表现为：必需脂肪酸缺乏，影响生长发育，对前列腺素的合成有抑制作用，影响中枢神经系统发育。TFA 对婴幼儿生长发育的抑制作用可能有以下 3 个途径：①干扰必需脂肪酸代谢，胎儿和新生儿生长发育迅速，但体内 PUFA 储备有限，与成人相比更容易患必需脂肪酸缺乏症，从而影响生长发育；②TFA 与大脑中的脂质结合，长链 PUFA 合成受抑制，从而抑制婴儿中枢神经系统的发育；③母体中前列腺素合成被抑制，使婴儿通过母乳吸收的前列腺素量减少。而前列腺素可通过调节婴儿胃酸分泌、血液循环和平滑肌收缩来影响婴儿的生长发育。

4.1.4.3 导致大脑功能的衰退

摄入 TFA 较多的人群，血液中胆固醇增加，易造成动脉硬化，容易导致脑功能的衰退。Kalmijn 等通过研究证明，大量食用反式脂肪酸的老年人，阿尔茨海默病的发病率较高。另有研究显示，中枢神经系统发育也与 TFA 有关。

4.1.4.4 增加患心血管疾病的危险

TFA 能降低高密度脂蛋白胆固醇水平，提高低密度脂蛋白胆固醇水平，导致动脉硬化，并具有增加血液黏稠度和凝聚力的作用，形成血栓。荷兰学者 Mensink R P 等将饮食中 10%的油酸替代成反油酸，结果发现人体血清中有益的高密度脂蛋白胆固醇（HDL）降低了 0.17mmol/L，低密度脂蛋白胆固醇（LDL）增加了 0.34mmol/L，而后者对人体是有害的。脂肪组织分析和病例对照研究显示 TFA 在冠心病危险中起重要作用，且 TFA 与 CHD 相关的强度比饱和脂肪酸还要大。2003 年，Ana Baylin 研究了 482 例的人心肌组织，表明脂肪组织中总 TFA 与心肌梗死的危险呈正相关，流行病学调查结果显示，TFA 摄入量增加 2%，心脏疾病的患病率相应升高 25%。Dyerberg 等对 87 个健康男性进行研究，每天摄入定量工业生产的 TFA 或 n-3 多不饱和脂肪酸（PUFA），发现 n-3 组的甘油三酯和平均动脉压降低，TFA 组的 HDL-C 降低，n-3 组的心率降低约 3 次/min，而 TFA 组的心率显著增加约 3 次/min。

4.1.4.5 增加患糖尿病的危险

TFA 摄入会增加 2 型糖尿病危险并降低胰岛素敏感性。哈佛公共卫生学院 FrankHu 博士在 14 年研究中分析了 84204 例妇女的资料，分析表明，她们摄入的 TFA 显著升高了体内胰岛素水平，降低了红细胞对胰岛素的反应，患糖尿病的危险大幅增加。

4.1.5 大豆油脂中反式脂肪酸的控制

4.1.5.1 改进大豆油脂精炼技术

大豆油脂在脱臭过程中会产生TFA，TFA的含量与脱臭的温度和时间有关。罗晓岚对大豆油在3个不同脱臭温度和不同操作时间下的TFA含量进行了研究，得出TFA的含量会随着温度和时间的增加而增加。国外学者对菜籽油的研究也得出了类似的结论。因此，在大豆油脂脱臭过程中，为了减少TFA的生成应尽量降低脱臭温度和减少脱臭时间。

另外，引进和开发了低温、短时、少汽的新工艺与新设备，如采用薄膜式填料塔与热脱色用的传统塔盘塔组合的新型软塔脱臭系统（SCDS），双重低温脱臭系统（DTDS），冻结、凝缩真空脱臭系统（FVSD）等，可以减少或抑止油脂中TFA的产生。部分欧洲油脂加工设备制造企业将脱臭用薄膜式填料塔与热脱色用的塔盘塔组合使用，开发出新型软塔脱臭系统（soft colum deodororising system）。在填料塔中，油脂流动方向是垂直的，形成的薄膜实现与水蒸气高效率的接触，与传统塔盘式脱臭塔比较，压力损失在真空下比较小，从而可在较低温度下（250℃）使用原有量1/3的蒸汽，在较短的时间内（从原有3h减少至小于1h）将臭气和游离脂肪酸有效地除去，大豆油脂品质既得到保证，又有效地抑制了反式脂肪酸的生成。

4.1.5.2 减少氢化技术的应用

将大豆油脂中不饱和脂肪酸转化为饱和脂肪酸是氢化技术应用的最主要目的，可防止油脂氧化变质，改善油脂风味的稳定性，同时将液态油脂转化成塑性脂肪，增加其在食品工业中的应用范围。此外，在食品中替代或减少氢化油脂的方案也应确保替换的大豆油脂抗氧化性能。目前常用的有效措施有：①采用热带油脂（如椰子油、棕榈油和棕榈仁油等）和动物性油脂（如猪油、黄油和牛油等）替代部分氢化油；②将非氢化油脂与极度氢化油脂混合；③为了在减少TFA的同时又使饱和脂肪酸的含量降低，将稳定性较高的油脂与部分氢化油混合；④通过在液体油脂中加入高熔点乳化剂或胶类增稠剂调节油脂的塑性；⑤将添加到油脂中的抗氧化剂的活性提高；⑥将非氢化油脂与高饱和油脂进行酯交换反应。

4.1.5.3 采用新技术控制大豆油脂中反式脂肪酸产生

国内在降低TFA含量方面主要采用酯交换和低温压榨两种新技术。如中国科技大学的酯交换专利技术被华裕油脂有限公司所利用，生产出亚油酸含量丰富且又不含TFA的第三代人造健康黄油系列产品。武汉工业学院利用低温压榨技术研制的国内首条双低油菜籽脱皮冷榨生产线在湖北鄂州市建成并投产，该技术可避免高温加工过程产生TFA、油脂聚合体等有害物质并大大减少了油中维生素E、甾醇等天然活性成分的流失。

基因改良技术同样可以应用于大豆油脂反式脂肪酸的控制过程当中。在大豆油脂加工过程中，TFA的产生与原料油脂的不饱和程度有关，多不饱和程度越高，顺式脂肪酸转变为TFA的倾向性越大。罗晓岚在同一脱臭温度下对4种植物油脂的TFA含量进行了研究，得出亚麻酸含量较高的双低菜籽油和大豆油的TFA含量要高于亚麻酸含量较低的玉米油和葵花籽油。所以，通过基因改良技术，植物油料中的多不饱和脂肪酸含量可得到降低。美国孟山都公司于2004年宣称，已在市场上推出一种亚麻酸含量低的大豆，该品种的大豆经加工后可生产出TFA含量低的大豆油。

电化学催化氢化工艺（electrocatalytic hydrogena-tion）也是最新的技术之一。这种加氢方法可以在70℃低温条件下进行，反式异构体产生较少。G. R. List等将传统镍氢化和电化学氢化两种方法进行了实验比较，将碘值130左右的豆油氢化至碘值90~110，发现传统镍氢化的TFA含量为12%~25%，而电化学氢化所得的TFA含量为6.4%~13.8%。但是这种油脂氢化方式工艺复杂且成本较高，目前尚未被产业化应用。

4.2　最佳低反式脂肪酸脱色条件的优化方法

4.2.1　低反式脂肪酸最佳脱色条件的确定

4.2.1.1　脱色时间对反式脂肪酸的影响

选取反应条件为：真空度0.095MPa、脱色温度80℃、脱色白土用量3%、搅拌速度220r/min。研究脱色时间（20min、30min、40min和50min）对反式脂肪酸的影响。

4.2.1.2　脱色温度对反式脂肪酸的影响

选取反应条件为：真空度0.095MPa、脱色白土用量3%、脱色时间30min、搅拌速度220r/min。研究脱色温度（90℃、100℃、110℃和120℃）对反式脂肪酸的影响。

4.2.1.3　白土添加量对反式脂肪酸的影响

选取反应条件为：真空度0.095MPa、脱色时间30min、脱色温度80℃、搅拌速度220r/min。研究脱色白土用量（3%、4%、5%和6%）对反式脂肪酸的影响。

4.2.2　低反式脂肪酸大豆油脂脱色条件的优化

在单因素试验的基础上，选择适宜的因素和水平进行旋转正交组合设计优化低反式脂肪酸脱色反应条件。按表4-1给出的因素水平编码表，以反式脂肪酸含量为指标，进行旋转正交设计试验，优化大豆油脱色条件。利用 SAS 与 MATLAB 软件分析试验数据。

表 4-1　因素水平编码表

因素	脱色温度（℃）	脱色时间（min）	脱色剂用量（%）
	x_1	x_2	x_3
γ（1. 682）	90	20	3
1	95	25	3. 5
0	100	30	4
-1	105	35	4. 5
-γ（-1. 682）	110	40	5

4. 3　脱色时间对反式脂肪酸含量的影响

由图 4-1 可以看出，随着脱色时间的延长，反式脂肪酸含量逐渐升高，当脱色时间超过 30min 后，升高较为明显。这是由于随着油脂与高温接触时间的增加，反式脂肪酸的含量也有所升高。脱色时间控制在 30min 左右较为适宜。

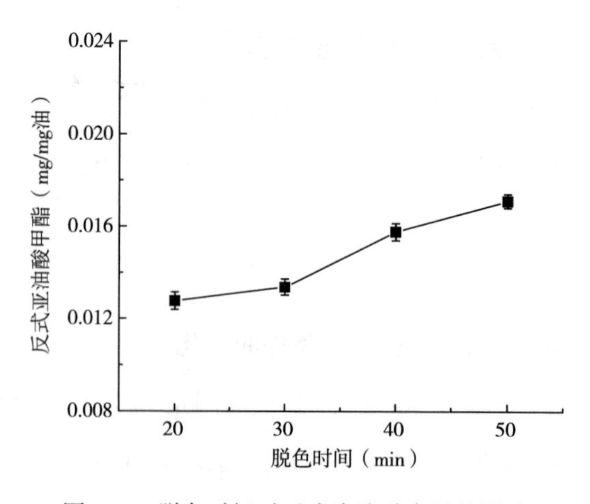

图 4-1　脱色时间对反式脂肪酸含量的影响

4.4 脱色温度对反式脂肪酸含量的影响

由图 4-2 可知，当脱色温度为 90~100℃时，反式脂肪酸含量变化不明显，但脱色温度超过 100℃时，反式脂肪酸含量升高较快。由此可知，较高温度更易导致脂肪酸的反式异构化，脱色温度控制在 100℃左右较为合理。

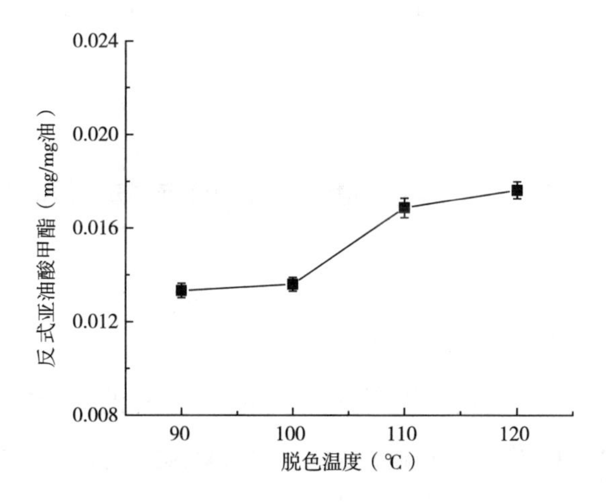

图 4-2 脱色温度对反式脂肪酸含量的影响

4.5 白土添加量对反式脂肪酸含量的影响

由图 4-3 可知，在脱色白土添加量为 3%和 4%时，反式脂肪酸含量没有明显的变化规律，当添加量超过 4%时，反式脂肪酸的含量逐渐升高。这可能是由于随着白土添加量的增加，酸催化活性点随之增加，更易导致反式异构化。由图可知，白土添加量为 4%比较适宜。

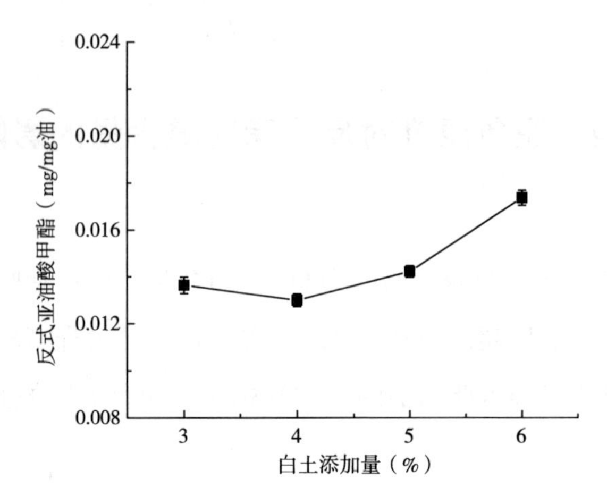

图 4-3　白土添加量对反式脂肪酸含量的影响

4.6　低反式脂肪酸大豆油脱色条件的优化

三因素二次旋转正交组合试验结果见表 4-2。

经过 SAS8.0 软件分析后得出低反式脂肪酸大豆油脱色的回归方程为：

$$Y=0.0123935752-0.0010763606x_1-0.0005860927x_2-0.0005731043x_3+0.0001500000x_1x_2-0.0001750000x_1x_3+0.0000500000x_2x_3+0.0010819043x_1x_1+0.0007107647x_2x_2+0.0009051712x_3x_3$$

表 4-2　三因素二次旋转正交组合试验结果

实验号	x_1	x_2	x_3	Y（反式亚油酸甲酯 mg/mg 油）
1	1	1	1	0.0141
2	1	1	−1	0.0156
3	1	−1	1	0.0147
4	1	−1	−1	0.0163
5	−1	1	1	0.0151
6	−1	1	−1	0.0158

续表

实验号	x_1	x_2	x_3	Y（反式亚油酸甲酯 mg/mg 油）
7	−1	−1	1	0.0162
8	−1	−1	−1	0.0172
9	1.682	0	0	0.0114
10	−1.682	0	0	0.0180
11	0	1.682	0	0.0124
12	0	−1.682	0	0.0149
13	0	0	1.682	0.0133
14	0	0	−1.682	0.0151
15	0	0	0	0.0125
16	0	0	0	0.0121
17	0	0	0	0.0120
18	0	0	0	0.0128
19	0	0	0	0.0124
20	0	0	0	0.0126
21	0	0	0	0.0124
22	0	0	0	0.0127
23	0	0	0	0.0123

回归方程的方差分析见表 4-3。

表 4-3　回归方程的方差分析

方差来源	自由度	平方和	均方	F	$P_r>F$
回归	9	0.00006458	0.00000718	6.62	0.0013
剩余	13	0.00001409	0.00000108		
总计	22	0.00007867			

表 4-3 中 $P_r=0.0013<0.05$，表明回归方程差异显著，回归方程拟合较好。

4.6.1 脱色时间和白土添加量对反式脂肪酸含量的影响

由图4-4可知，当脱色温度在0水平，脱色时间不变，随着白土添加量的增大，反式脂肪酸含量先略有下降，而后逐渐升高；当白土添加量不变时，随着脱色时间的延长，反式脂肪酸含量逐渐增高，且增高幅度越来越大。由等高线图可知：反式脂肪酸含量的极值出现在试验范围内，在0.012~0.013mg/mg油，在适合的白土用量和适当的脱色时间，得到的反式脂肪酸含量较低，综合两个图得出：白土添加量使用范围在3.7%~4%、脱色时间在25~30min时，极值可取到0.011~0.013mg/mg油。

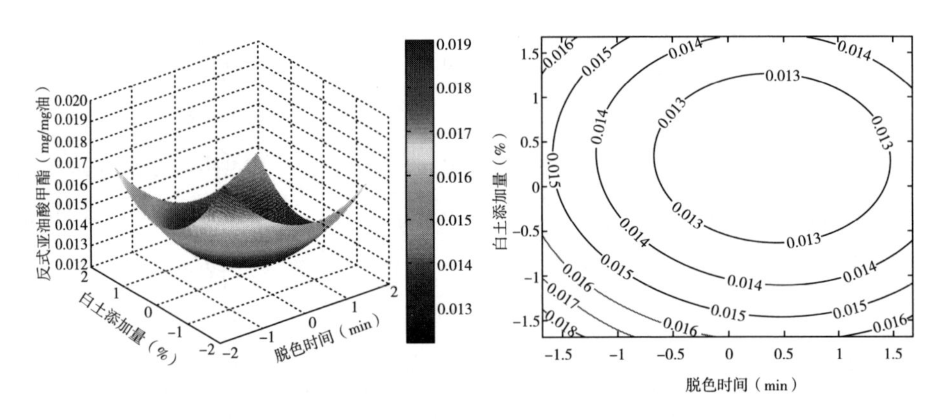

图4-4 脱色时间和白土添加量对反式脂肪酸含量的影响

4.6.2 脱色温度和白土添加量对反式脂肪酸含量的影响

由图4-5可知，当脱色时间在0水平，白土添加量不变时，随着脱色温度的增加，反式脂肪酸含量逐渐增高；当脱色温度不变时，随着白土添加量的增加，反式脂肪酸含量先略有下降，随后开始升高。由等高线图可知：反式脂肪酸含量的极值出现在试验范围内，在0.012~0.013mg/mg油，在适合的脱色温度和适当的脱色剂用量得到的反式脂肪酸含量较低，综合两个图得出：脱色温度范围在 95~98℃，脱色剂用量在 3.7%~4%时，极值可取到 0.011~0.013mg/mg 油。

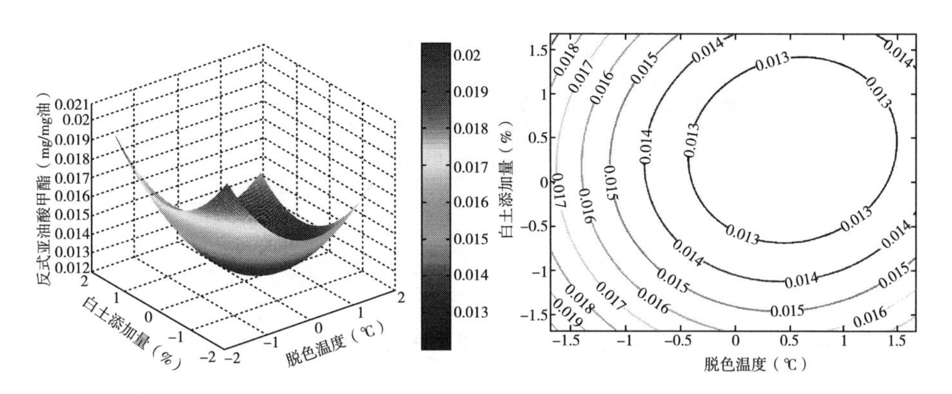

图 4-5 脱色温度和白土添加量对反式脂肪酸含量的影响

4.6.3 脱色温度和脱色时间对反式脂肪酸含量的影响

由图 4-6 可知，当脱色剂用量在 0 水平，脱色时间不变时，随着脱色温度的增加，反式脂肪酸逐渐升高，且升高幅度也逐渐增加；当脱色温度不变时，随着脱色时间的延长，反式脂肪酸含量也逐渐升高。由等高线图可知：反式脂肪酸含量的极值出现在试验范围内，在 0.011~0.013mg/mg 油，在适合的脱色时间和适当的脱色温度得到的反式脂肪酸含量较低，综合两个图得出脱色时间范围在 25~30min，脱色温度在 95~98℃时，极值可取到 0.012~0.013mg/mg 油。

通过等高线分析，并结合实际试验条件，得到低反式脂肪酸含量大豆油脱色的最优反应条件为：$X_1=0.6$，$X_2=0$，$X_3=0.4$，即脱色温度为 97℃，脱色时间为 30min，脱色剂用量为 3.8%。将此最优条件组合代入二次回归方程中，计算出大豆油脱色中反式亚油酸含量为 0.0121mg/mg 油。按照上述最优条件进行试验，得到大豆油反式亚油酸含量为 0.0118mg/mg 油，预测值与试验值之间的良好拟合性证实了模型的有效性。表明所得出

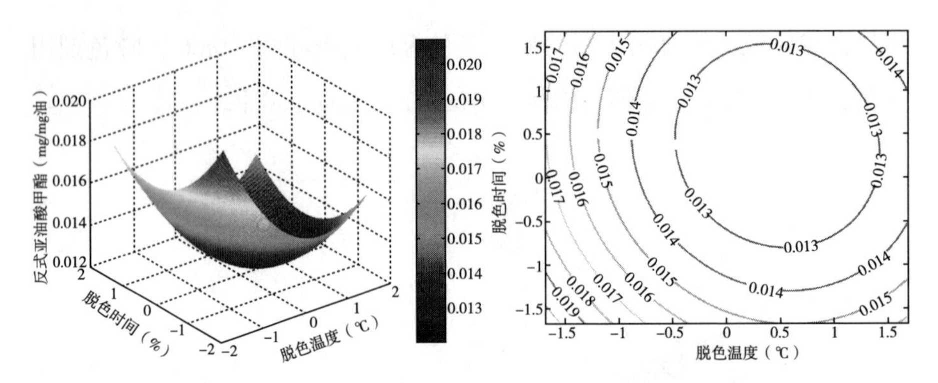

图 4-6　脱色温度和脱色时间对反式脂肪酸含量的影响

的回归方程可以很好反映脱色温度、脱色时间和脱色剂用量与反式脂肪酸含量的关系。同时，在此参数下脱色，脱色率达到 96.57%。

4.7　反式脂肪酸含量比较

由表 4-4 可以看出，优化条件下操作所得到的大豆油脂中反式亚油酸含量仅为 0.0118mg/mg 油，低于常规条件下操作所得的大豆油脂中 0.0165mg/mg 油的反式亚油酸含量。

表 4-4　反式脂肪酸含量比较

反式亚油酸甲酯含量（mg/mg 油）	
常规条件下操作	优化条件下操作
0.0165	0.0118

4.8　最优条件下白土色素吸附量验证试验

以最佳参数即脱色温度为 97℃、脱色时间为 30min、脱色剂用量为 3.8%、搅拌速度 220r/min 进行试验。测定脱色白土对大豆油脂中 β-胡萝卜素和叶绿素的吸附量，与相应参数下，通过动力学方程所计算的吸附量进行对比验证，其结果如表 4-5 所示。

表 4-5　主要色素类物质吸附量验证表

色素种类	吸附量（mg/g）	
	试验结果	二级动力学方程计算结果
β-胡萝卜素	87.81	89.17
叶绿素	4.11	4.28

由表 4-5 可以看出，以最佳参数脱色，脱色白土对大豆油脂中 β-胡萝卜素和叶绿素的吸附量分别为 87.81mg/g 和 4.11mg/g，与二级动力学方程计算出的数值十分接近，由此验证了所建立的吸附动力学方程的可信度。

第二部分

5　富含共轭亚油酸的大豆粉末甘油酯制备研究概述

5.1　共轭亚油酸的概述

共轭亚油酸（conjugated linoleic acid，CLA）是由亚油酸衍生的一组亚油酸异构体，是普遍存在于人和动物体内的营养物质。在人类食物中，主要来自乳制品与牛羊肉类，人血清脂质和其他组织如脂肪组织均含有。CLA 一词首次出现在 *Anticarcinogens from Fried Ground Beef Heat-Altered Derivatives of Linoleic Acid* 一文中，1985 年 Pariza 发现牛肉的脂肪中含有一种具有抑癌作用的活性成分。1987 年，有学者经研究证实此成分即是 CLA。大量研究证明：在 CLA 的众多异构体中，9c，11t-CLA 和 10t，12c-CLA 具有调节血糖、血脂、血压功能，以及抗动脉粥样硬化、减肥、抑癌及免疫调节等多种重要生理活性。

5.1.1　共轭亚油酸的化学结构

亚油酸是人体的必需脂肪酸，其结构中含 2 个碳碳双键。CLA 可以被认为是由亚油酸衍生的共轭双烯酸的多种位置和几何异构体的总称，这些几何异构体的共同点是 2 个碳碳双键之间直接通过 1 个碳碳单键连接。CLA 的双键主要在第 9 和第 11 位、第 10 和第 12 位或第 11 位和第 13 位的碳原子上，每种位置上又存在着 *cis-cis*（顺顺式）、*cis-trans*（顺反式）、*trans-cis*（反顺式）和 *trans-trans*（反反式）这 4

种构象异构体，因此CLA的立体异构体数量就更多，可达十几种。但科学试验证实其中9*c*，11*t*-和10*t*，12*c*-这两种异构体（图5-1）具有很强的生理活性。

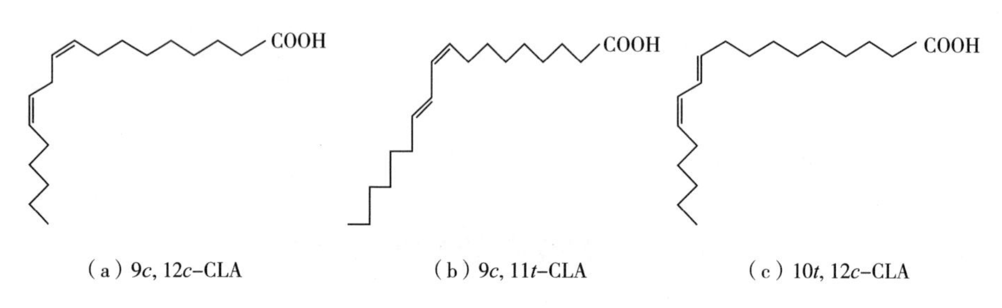

图5-1　亚油酸和共轭亚油酸的2种主要异构体

5.1.2　共轭亚油酸的来源

自然界中CLA主要存在于反刍动物如牛和羊的脂肪及其乳制品中，但含量较低，为3~7mg/g，而猪肉、鱼肉及其他家禽中CLA的含量更低，反刍动物体内含有CLA主要是由于在其肠道内的厌氧性溶纤维丁酸弧菌亚油酸异构酶能使亚油酸转化成具有生理活性的9*c*，11*t*-CLA。植物油脂中CLA的含量仅为0.1~0.7mg/g，且9*c*，11*t*-CLA的含量低于50%。

自然界中CLA的含量较低，不能满足人们的大量需求。目前，CLA的合成一般以亚油酸或富含亚油酸的植物油如葵花籽油、蓖麻油或红花籽油等为原料，采用化学、生物的方法进行异构化，一般可得到主要为*cis-trans*、*trans-cis*异构体的多种混合物，同时还有少量的*cis-cis*、*trans-trans*异构体。常见方法主要有以下几种：碱性异构化法、混合溶剂法、酶催化亚油酸异构化法、羟基脂肪酸脱水，以及近年来兴起的在超临界CO_2状态下酶法合成CLA、微生物合成法等。杨万政等以葵花油为原料，KOH为催化剂，对碱性异构化法制备共轭亚油酸进行了研究。Van 等利用微生物自身的亚油酸异构酶专一性催化 CLA 的合成。

5.2 共轭亚油酸的生理功能

5.2.1 抑癌作用

CLA 的抑癌作用是在 1987 年由 Ha 和 Pariza 发现，给已被二甲苯蒽诱导患皮肤癌、前胃癌的小鼠喂食 CLA 及被苯并芘诱导患结肠癌的大鼠喂食 CLA，发现 CLA 对这 3 种肿瘤的形成均有抑制作用。此后，学者又发现 CLA 对大鼠的乳腺癌也有明显的抑制作用。黄桂东等在 2008 年发现共轭亚油酸能够诱导人结肠癌细胞 Caco-2 的凋亡。瑞士的学者证实饮食中长期含有 CLA 的人群患大肠癌和乳腺癌的概率明显降低，但目前还没有有关 CLA 对男性前列腺癌抑制作用的报道。CLA 的抑癌作用主要表现在抑制细胞的增殖、细胞核分裂和合成的方面，同时能诱导癌细胞分化、恢复肿瘤细胞间通信功能、抑制肿瘤细胞向细胞外基质成分和纤维粘连、蛋白黏附。虽然各国学者对 CLA 的抑癌作用进行了大量研究，但关于它的抗癌机理还不十分明确。

5.2.2 防止心血管疾病

关于 CLA 对心血管疾病的防治，各国学者已做了大量动物试验。试验证实 9*c*，11*t*-CLA 和 10*t*，12*c*-CLA 能抑制血小板聚集，从而起到抗血栓的作用。Park Y 等在给兔子和小鼠喂食含 CLA 的饲料后，发现其血液中总胆固醇水平降低，对这两组动物观察发现其患动脉硬化的概率也低于对应空白试验组；而对已患动脉硬化的兔子的研究发现，喂食 CLA 后，其病症明显好转，已患动脉硬化的部分有消退迹象。目前关于 CLA 对心血管疾病防治的研究中，对动物进行了大量试验，但人体试验非常少，英国学者 Enda 研究证实 CLA 对高血脂患者病情无明显影响，因此 CLA 的这种功能尚需大量研究。

5.2.3 调节免疫功能

CLA 具有提高动物体免疫力的功能，有学者认为 CLA 能够增加动物体内免疫球蛋白 IgA、IgM、IgG 的含量，促进免疫细胞的增殖；还有一些学者认为 CLA 对细胞的免疫作用表现在 CLA 能够促进淋巴细胞的分化增殖，增强巨噬细胞的杀伤力。有很多专家研究发现，共轭亚油酸对细胞的作用类似于 EPA、DHA 的作用。有学者研究证实给怀孕期和哺乳期的小鼠喂食含 CLA 的饲料后，试验组小鼠幼仔较空白对照组的小鼠幼仔生长地更健康，具体表现为试验组小鼠幼仔患病少、对食物吸收好、单位质量内瘦肉增长量更多。张继泽等在 2009 年研究了共轭亚油酸对大黄鱼免疫功能的影响，结果表明，在大黄鱼日粮中添加 CLA 后，添加组大黄鱼脾体的指数明显高于未添加 CLA 的对照组，证明 CLA 可以影响其免疫功能。有学者研究表明，随着人体年龄的增长，免疫力逐渐下降，在饮食中补充 CLA 能提高人体的免疫力。

5.2.4 减肥作用

CLA 具有帮助成年人减少脂肪的功能，主要是由于 CLA 可以减少脂肪的合成，另外可以通过增加脂肪分解和增加能量消耗等来调节脂肪代谢。Lin 等研究了在大鼠日粮中添加 CLA，结果发现与空白对照组相比，试验组的大鼠瘦肉率明显提高。薛秀恒等研究了共轭亚油酸强化乳对小鼠体脂的影响，发现小鼠的体增重、体脂含量、腹脂重及饲料利用率都随着强化乳中 CLA 的添加量增加而降低，与对照组相比，当添加 0.5%时达到显著差异。Riserus 等研究发现 CLA 对人体体重有调节功能，长期食用 CLA 能够促进人体脂肪的减少，尤其是减少腹部脂肪。秦虹等在 2009 年研究了 10*t*，12*c*-CLA 对骨骼肌细胞脂肪酸代谢的影响，证明 10*t*，12*c*-CLA 可以有效防治肥胖及其相关代谢紊乱。

5.2.5 其他方面作用

除了上述功能外，CLA 还具有其他的保健作用。CLA 是天然的脂、糖代谢调节因子，能够改善失调的脂糖平衡，对于平衡脂肪细胞和血糖有重要作用；CLA 能够提高已患糖尿病大鼠的胰岛素敏感性，使大鼠体内葡萄糖含量趋于正常，对糖尿病有一定的防治作用，同时共轭亚油酸可降低妊娠期糖尿病大鼠血糖水平。有文献报道 CLA 能够影响骨骼细胞的代谢，从而对骨质疏松症有辅助治疗作用。有学者研究 CLA 的抗氧化作用，发现其抗氧化性优于维生素 E，略低于丁基羟甲苯。另外，CLA 在动物饲料中也有广泛的应用，可降低动物体内脂肪含量，降低鸡蛋黄中胆固醇的含量等。

5.3 共轭亚油酸与大豆油脂脱色工艺

大豆毛油中有较多的杂质、磷脂、胶质、游离脂肪酸、蜡质、色素类物质、挥发性气味等物质，影响油脂品质和稳定性，需要通过精炼将其除去，从而提高油脂品质。传统大豆油脂精炼工艺主要一般为脱胶、脱酸、脱色、脱臭、脱蜡等工序，经精炼可有效去除油脂中的杂质，提高油脂稳定性，延长油脂货架期。脱色作为油脂精炼中重要的步骤，其吸附油脂中色素及其他胶溶性杂质的作用非常重要。前文已经叙述，在脱色过程中不可避免地需要利用高温及负压进行处理，在此过程中，不同程度会对油脂的结构造成不同影响。反式脂肪酸即是高温产物之一，同时，大豆油脂中存在少量共轭亚油酸，在脱色过程中，也将迫于高温等外界条件，对其结构造成影响。经优化的脱色条件，不仅可以提高脱色率，降低反式脂肪酸含量，更可以为共轭亚油酸大豆粉末甘油酯的制备提供优质原料。

6　无溶剂体系酶法酯交换反应条件的确定

6.1　结构脂质的酶法合成方法

自1869年人们利用分级牛油生产出人造奶油后，相继出现了分提（fractionation）、氢化（hydrogenation）和酯交换（interesterification）等油脂改性的方法，这些基本技术单独或组合使用，可以制造出多种专用油脂制品，如起酥油、人造奶油、代可可脂和各种有特殊功能性的结构脂质等。分提通过结晶、分离可以将油脂分成不同用途的固体脂和液体油；氢化在化学上可以改变甘油酯的不饱和程度，而不能改变甘三酯分子中酰基接在甘油上的位置；酯交换不仅能改变甘油酯中脂肪酸的种类、数量、碳链的长度，还能改变脂肪酸在甘三酯中的分布位置，因此能够改善食用油脂的营养和功能性质，已成为油脂改性技术的研究重点。

酯交换包括化学酯交换和酶法酯交换两种。化学酯交换反应常用醇钠、碱金属及其合金作为催化剂，价格便宜，容易实现大规模生产，但对原料要求高，反应随机性强，且有化学催化剂的加入，不适合生产人们期望的具有生理功能的高品质结构脂质。

与化学法相比，酶法合成功能性油脂更有优势，如反应活性高、专一性强、副产物少、反应条件温和、耗能少等。酶作为生物催化剂，在油脂研究领域及工业生产中颇受重视。脂肪酶又称甘油酯水解酶，早在

19世纪中叶人们就对脂肪酶的性质有所认识。脂肪酶最初应用于油脂工业是在油脂的水解方面，但后来人们对其动力学和热力学研究发现，脂肪酶不仅可以促进油脂的水解，而且在一定体系中，控制一定条件，同样可以加速油脂合成，促进酯交换反应。酶法酯交换还可以简化工艺、降低能源消耗、节省设备投资和减少环境污染。因此，用酶法酯交换生产高品质的结构脂质是完全可行的。目前常用于催化油脂酯交换反应的酶有很多种，如 Penicillium expansum TS414、Lipase PS、Lipase L2、Lipase L9、Lipase G、Lipozyme AY、Lipozyme PS、Lipozyme IM、Lipozyme RM 和 Novozym 435 等，Penicillium expansum TS414 交换性能好、价格低，常作为合成生物柴油的催化剂；Lipase PS 催化反应的速度较快；Lipase L2 的催化速度较慢；Novozym 435 是性能最好的脂肪酶之一，很多学者采用 Novozym 435 催化酯交换反应。

6.1.1 直接酯化法

直接酯化法为脂肪酸与甘油在脂肪酶催化下制备甘油酯的方法，其实质是油脂水解的逆反应，副产物是水。此法制备甘油酯时需及时除去反应生成的水才能促进反应平衡向正向进行。反应的化学简式如下：

$$\text{游离脂肪酸}+\text{甘油}\xrightarrow{\text{酶}}\text{甘油酯}+\text{水}$$

这种酯化法最大的好处是反应一步就可完成，而且反应条件适宜时副产物少，产品分离容易。但原料需分别制备，成本比较高。孙月娥在间歇式反应器中采用固定化脂肪酶 Novozym 435 催化油酸、亚油酸、亚麻酸和海藻糖合成不饱和脂肪酸海藻糖酯。在最佳工艺条件下：海藻糖 13.2mmol/L、亚油酸 41.7mmol/L、分子筛添加量 3.1g、脂肪酶添加量 0.3g，在 20mL 叔丁醇中，50℃、150r/min 恒温水浴振荡器反应 50.4h，亚油酸海藻糖单酯的转化率达到 74.5%。李默馨等在超临界状态下采用固定化脂肪酶 Novozym 435 催化 CLA 与甘油反应制备共轭亚油酸甘油酯，用4A分子筛吸收反应的副产物水，在最佳的工艺条件下：分子筛用量6%、酶用量4%、反应温度60℃、反应时间20h、反应压力11MPa时，CLA的酯化率可达到90.98%。

6.1.2 酸解法

酸解法是酯交换反应的一种，主要是采用某种特定的高含量游离脂肪酸和油脂进行酯交换。其过程分两个步骤进行，首先是甘油酯在酶的作用下水解为偏酯和游离脂肪酸，然后偏酯与体系中的游离脂肪酸重新酯化生成新的甘油酯。反应的化学简式如下：

$$\text{游离脂肪酸}+\text{甘油酯}\xrightarrow{\text{酶}}\text{新型游离脂肪酸}+\text{新型甘油酯}$$

酸解法中的原料甘油酯可根据需要直接采用各种油脂，原料来源广泛，生产成本相对较低。Martinez等研究了正己烷体系中以CLA和玉米油为底物，采用米黑根毛霉（*Rhizomucor miehei*）和南极假丝酵母（*Candida antarctica*）催化进行酸解反应，结果表明，这两种酶能有效地使CLA结合到甘油酯的sn-1,3位。Ortega等研究了来源于南极假丝酵母（*Candida antarctica*）、米黑根毛霉（*Rhizomucor miehei*）、假单胞菌属（*Pseudomonas* sp.）和绵毛嗜热丝菌（*Thermomyces lanuginosus*）的脂肪酶催化极度氢化大豆油与CLA的酸解反应，发现这4种酶能够有效促进酸解反应的进行，但最佳反应时间不同。

袁谦在2009年发明了一种酶法酯交换生产含二十二碳六烯酸的食用油脂的方法，其实质也是酸解酯交换。孙兆敏采用Novozym 435在无溶剂体系中催化鱼油甘油三酯和鱼油脂肪酸进行酯交换反应，反应后EPA和DHA的含量分别达到43.6%和29.6%。

6.1.3 酯—酯交换法

酯—酯交换法是在脂肪酶的作用下脂肪酸乙酯与甘油酯之间发生酰

基交换，以实现原料互补、获得某种特定脂质的目的。其反应过程分两个步骤，首先是脂肪酸乙酯和甘油酯在酶的作用下发生水解，生成游离脂肪酸、偏酯、甘油及乙醇；其次是这些中间产物在酶的作用下重新组合成新的脂肪酸乙酯和甘油酯。反应的化学简式如下：

$$\text{脂肪酸乙酯+甘油酯} \xrightarrow{\text{酶}} \text{新型脂肪酸乙酯+新型甘油酯}$$

此反应可用组成不同的油脂直接反应，也可以先部分水解，再酯交换。由于反应原料廉价易得，所以直接生产成本最低。但反应产率低且副产物较多，因而分离相对较困难。Torres 等采用来源于 *Rhizomucor miehei* 的固定化酶，研究了酶促 CLA 乙酯与鲱鱼鱼油酯交换反应的动力学，考察了底物比、加酶量和温度因素对反应速度的影响，从而得出最佳的反应条件。傅伟昌等采用 Lipozyme TL. IM 催化癞葡萄籽油或桐油和硬脂酸甲酯进行酯交换反应，制备出具有较强抗肿瘤活性的 Sn-1, 3-二硬脂酸-2-共轭亚麻酸甘油酯（SCLnS）。研究发现在最优试验条件下，以癞葡萄籽油为原料，产物 SCLnS 含量达到 19.73%；以桐油为原料，产物 SCLnS 含量为 18.95%。

6.1.4 酶法酯交换反应的环境选择

油脂的酶法酯交换可以在有机溶剂体系中进行，也可以在无溶剂体系中进行。有机溶剂体系可以促进底物的溶解，促进酯交换反应的进行，但同时也存在着有毒性、溶剂残留等问题。无溶剂体系酶法酯交换一般在常温、常压和氮气保护下进行，但个别底物不易溶解，不如在有机溶剂体系中反应的酯交换率高。近年来，超临界状态下酶法酯交换因其能促进底物溶解、提高反应速率和提高酯交换率等优点受到学者的广泛关注。超临界 CO_2 状态下酶反应的最大优点是不存在传质阻力现象，同时脂肪酶活力基本不受影响，脂肪酶仍保持完全的活性及稳定性，因此酶反应速率较在普通有机介质中快。

6.2 原料、试剂与仪器设备

6.2.1 主要原料

共轭亚油酸：购自青岛澳海有限公司，其中 9c，11t-CLA 和 10t，12c-CLA 的含量分别为 38.95%和 41.76%，即具有生理活性的共轭亚油酸含量高达 80.71%，具体 GC 分析见附录。

非转基因大豆油：由脱色优化所得，各项理化指标如下：酸价 0.20mg KOH/g，碘价 133g I_2/100g，过氧化值 1.15mmol/kg，不溶性杂质 0.03%，水分及挥发物 0.05%。该原料油的脂肪酸中共轭亚油酸含量 0.2%。

6.2.2 材料与试剂

材料与试剂见表 6-1。

表 6-1 材料与试剂

名称	生产厂家
CLA 标准品	Sigma 公司
脂肪酶 Novozym 435	丹麦诺维信公司
正己烷（色谱纯）	天津市化学试剂三厂
甲醇（色谱纯）	天津市化学试剂三厂
氢氧化钾（优级纯）	天津市大陆化学试剂厂
氮气（纯度≥99.9%）	哈尔滨黎明气体有限公司

6.2.3 主要仪器设备

主要仪器设备见表 6-2。

表 6-2　主要仪器设备

名称	生产厂家
水浴恒温振荡器	江苏太仓市医疗器械厂
101-3-S 型电热鼓风干燥箱	上海跃进医疗器械厂
AR2140 电子精密天平	梅特勒—托利多仪器（上海）有限公司
CP-Sil-88 强极性毛细管气相色谱柱	瓦里安公司
Aligent 7890A 气相色谱仪	安捷伦公司
恒温干燥箱 101-1 型	上海实验仪器厂
高压反应釜	大连通达反应釜厂
DF-101S 集热式恒温加热磁力搅拌器	巩义市英峪高科仪器厂
高速离心机	北京医药公司
XW-80A 微型旋涡混合仪	上海沪西分析仪器厂
均质机	盛通机械有限公司

6.3　酶法酯交换的方法

6.3.1　无溶剂体系酶法酯交换的操作过程

将一定量大豆油、CLA 和去离子水加入螺旋具塞试管中，添加一定量的固定化脂肪酶 Novozym 435，充氮密封，在摇床转速 100r/min、一定温度条件下反应一定时间得到酸解产物。反应混合物过无水硫酸钠进行过滤以除去酶和水。将反应产物进行离心分离，取上层，得到甘油酯和脂肪酸混合液。

6.3.2　无溶剂体系酶法酯交换单因素试验

6.3.2.1　底物摩尔比对 CLA 接入率的影响

选取反应条件为：酶用量 2%、体系水分添加量 1%、反应温度

50℃、反应时间10h，研究CLA与大豆油的摩尔比分别为1∶1、2∶1、3∶1、4∶1和5∶1对CLA总接入率的影响。

6.3.2.2 体系水分添加量对CLA接入率的影响

选取反应条件为：底物摩尔比3∶1、酶用量2%、反应温度50℃、反应时间10h，研究体系水分添加量分别为1%、2%、3%、4%和5%对CLA总接入率的影响。

6.3.2.3 酶用量对CLA接入率的影响

选取反应条件为：底物摩尔比3∶1、体系水分添加量2%、反应温度50℃、反应时间10h。研究酶用量（1%、2%、3%、4%和5%）对CLA总接入率的影响。

6.3.2.4 反应温度对CLA接入率的影响

选取反应条件为：底物摩尔比3∶1、酶用量3%、体系水分添加量2%、反应时间10h。研究反应温度（40℃、50℃、60℃、70℃和80℃）对CLA总接入率的影响。

6.3.2.5 反应时间对CLA接入率的影响

选取反应条件为：底物摩尔比3∶1、酶用量3%、体系水分添加量2%、反应温度60℃。研究反应时间（15h、20h、25h、30h和35h）对CLA总接入率的影响。

6.3.3 无溶剂体系酶法酯交换条件的优化

在单因素试验的基础上，按表6-3给出的因素水平编码表进行L_{16}（4^5）正交试验，以产物中的CLA接入率（%）为考察指标优化工艺参数。

表 6-3　因素水平编码表

水平	因素				
	A 底物摩尔比 (mol∶mol)	B 体系水分添加量 (%)	C 酶用量 (%)	D 反应温度 (℃)	E 反应时间 (h)
1	2	1	2	50	25
2	2.5	1.5	2.5	55	27.5
3	3	2	3	60	30
4	3.5	2.5	3.5	65	32.5

6.3.4　CLA 总接入率的测定分析

称取反应后产物 50mg 置于 10mL 试管内，加入 0.4mol/L 的氢氧化钾—甲醇溶液 2mL，置于漩涡混匀器振荡 15s。加入 10mL 色谱纯正己烷后置于漩涡混匀器振荡 30s，静置 20min 后取上层清液，以供气相色谱分析，采用面积归一化法定量。

6.3.5　橄榄油乳化法测定脂肪酶活力

将一定量的聚乙烯醇溶液和橄榄油按照一定的体积比（3∶1）混合，再用超声波乳化成乳状液。取 4mL 乳化液和 5mL 加入一定量酶的特定 pH 值的缓冲液，预热 5min，同时在另一三角瓶中加入乳化液做空白样，反应 15min 后，向两瓶中分别加入 15mL 95%乙醇，终止反应，用 0.05mol/L 的标准氢氧化钠溶液滴定，计算可得脂肪酶的分解活力。此方法对游离酶和固定化酶都适用。

6.3.6　脂肪酶活力单位定义及计算公式

水解橄榄油每 min 产生 1μmol 游离脂肪酸定义为一个酶活力（U）。

$$U = \frac{(V - V_0)}{t} \times 50 \times n$$

式中：V——样品所消耗碱的体积，mL；

V_0——空白样品所消耗碱的体积，mL；

t——反应时间；

n——稀释倍数；

50——1mL 0.05mol/L 氢氧化钠的微摩尔数。

6.3.7 气相色谱分析

气相分析方法具体如下：

气相色谱仪：Agilent 7890A。

色谱柱：CP-Sil 88 毛细管柱（100m×0.25mm×0.2μm，美国 Varian 公司）。

检测器：氢火焰离子化检测器。

进样口温度：250℃。

检测器温度：250℃。

空气压力：50kPa；氢气压力：60kPa；氮气压力：220kPa。

程序升温：70℃时保持 4min，然后以 13℃/min 的升温速率将温度升至 175℃，保持 27min，最后以 4℃/min 的升温速率将温度升至 215℃，保持 31min。

6.4 无溶剂体系酶法酯交换影响因素的确定

6.4.1 底物摩尔比对 CLA 接入率的影响

由图 6-1 可见，结合到大豆油中的 CLA 含量随底物中 CLA 比例增加而提高，当 CLA：大豆油的比例为 3：1 时，CLA 的总接入率达到 11.88%。这是由于甘油三酯有 3 个酰基，当 CLA：油脂的比例为 3：1

时，即两者可交换的酰基比例为 1：1，此时两者碰撞进而发生交换的概率较高。当底物比超过 3：1 后，大豆油中 CLA 含量的增加不显著，因此底物摩尔比为 3：1 较为适宜。

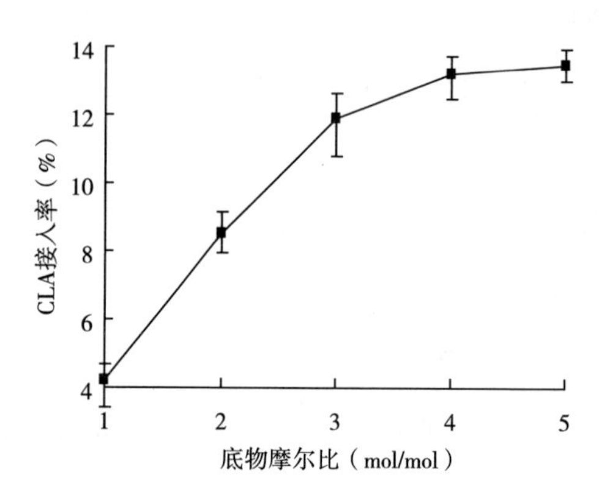

图 6-1　底物摩尔比对 CLA 接入率的影响

6.4.2　体系水分添加量对 CLA 接入率的影响

由图 6-2 可知，结合到大豆油中的 CLA 含量随着水分的增加而提高，这是由于水分起着增加酶活性及为起始水解提供水分的作用，水分的微量增加会促进酸解反应，并能使反应的平衡点移动。水分有利于保持酶活性部位构象，使酶充分发挥活力，当水分添加量为 1%时，含水量不足以使酶发挥其最大活性，此时 CLA 接入率较低。但当反应体系中水分含量超过 2%时，脂肪酶制剂大量吸附水分，酶表面被几层水分子包围，酶与反应介质不能充分接触，酶活力反而降低。因此体系水分添加量为 2%较为适宜。

6.4.3　酶用量对 CLA 接入率的影响

由图 6-3 可知，随着酶用量的增加 CLA 的接入率也随之提高，但当酶用量达到 3%以上时，CLA 接入率达 14.52%，此后 CLA 接入率的增加趋势并不明显，这是由于酶用量大时，水量不足，水解慢，偏酯的生成量少，限制后续酯化反应，因而产率不高。同时脂肪酶价格较高，出于成本考虑，酶用量选择 3%最为适宜。

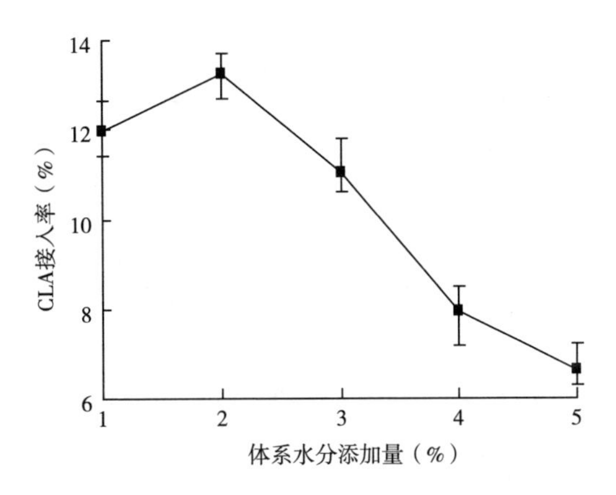

图 6-2　体系水分添加量对 CLA 接入率的影响

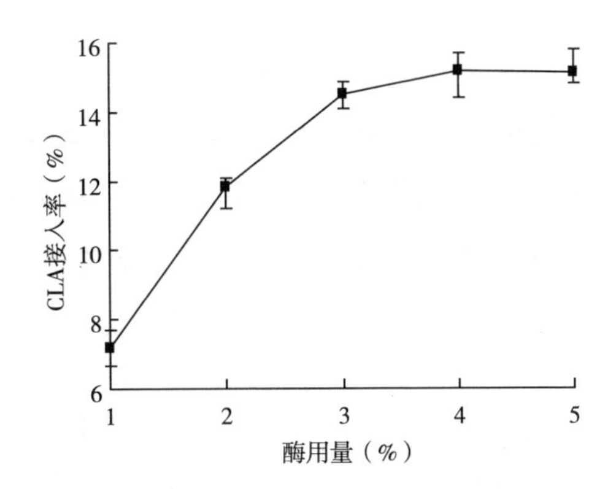

图 6-3　酶用量对 CLA 接入率的影响

6.4.4　反应温度对 CLA 接入率的影响

由图 6-4 可知，当温度从 40℃升至 60℃时，CLA 的总接入率随之逐渐上升，这说明随着温度的升高脂肪酶的催化活性部位逐渐暴露，发挥出较强的活性。当温度达到 60℃时，脂肪酶催化活性达到极值，之后接入程度开始下降，这可能是由于较高温度致使酶部分失活。可见，Novozym 435 在催化此酸解反应的最佳温度为 60℃。

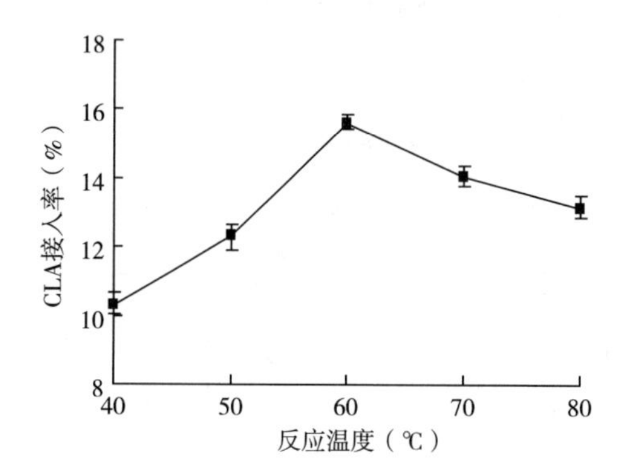

图 6-4　反应温度对 CLA 接入率的影响

6.4.5　反应时间对 CLA 接入率的影响

由图 6-5 可知，随着反应时间的延长，CLA 的接入率不断提高，但当反应时间达到 30h 后上升效果并不显著；当达到 35h 时，CLA 的接入率反而略有下降，这可能是反应时间过长，酯交换反应达到平衡后反而略向逆反应方向进行的原因。因此，反应时间定为 30h 最为适宜。

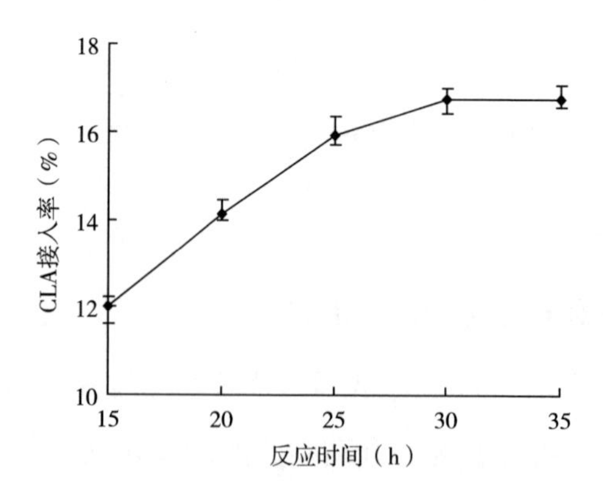

图 6-5　反应时间对 CLA 接入率的影响

6.5 无溶剂体系酶法酯交换反应条件的优化

由表6-4可知，各因素对CLA接入率影响的主次顺序依次为：底物摩尔比>反应温度>反应时间>酶用量>体系水分添加量。由正交试验得出结果，最优组合为$A_4B_2C_3D_3E_4$，即底物摩尔比为3.5∶1，体系水分添加量1.5%、酶用量3%、反应温度60℃、反应时间32.5h。在此参数下进行验证试验，试验结果显示CLA接入率可达到17.72%。

表6-4 正交试验结果

试验号	A 底物摩尔比 (mol∶mol)	B 体系水分添加量 (%)	C 酶用量 (%)	D 反应温度 (℃)	E 反应时间 (min)	CLA接入率 (%)
1	1	1	1	1	1	9.41
2	1	2	2	2	2	10.95
3	1	3	3	3	3	13.74
4	1	4	4	4	4	12.33
5	2	1	2	3	4	15.68
6	2	2	1	4	3	14.81
7	2	3	4	1	2	13.01
8	2	4	3	2	1	13.65
9	3	1	3	4	2	15.28
10	3	2	4	3	1	16.72
11	3	3	1	2	4	16.13
12	3	4	2	1	3	13.74
13	4	1	4	2	3	16.83
14	4	2	3	1	4	16.80
15	4	3	2	4	1	16.22

续表

试验号	A 底物摩尔比 (mol∶mol)	B 体系水分添加量 (%)	C 酶用量 (%)	D 反应温度 (℃)	E 反应时间 (min)	CLA 接入率 (%)
16	4	4	1	3	2	17.61
k_1	11.607	14.300	14.490	13.240	14.000	
k_2	14.287	14.820	14.147	14.390	14.213	
k_3	15.467	14.775	14.867	15.938	14.780	
k_4	16.865	14.332	14.723	14.660	15.235	
R	5.258	0.520	0.720	2.698	1.235	

7 CO_2超临界状态下酶法酯交换反应条件的研究

7.1 超临界流体

1869 年，Thomas Andrews 首次发现了临界点的存在，由此揭开了临界现象，诞生了超临界流体科学。1879 年，Hannay 和 Hogarth 测量了固体在超临界流体中的溶解度。1978 年，Zosel 提出用超临界流体萃取咖啡豆中的咖啡因。这些都是研究超临界流体的前期工作。

一种流体当处在高于其临界点的温度和压力下，被称为超临界流体（SCFs），它既具有与气体相似的密度、黏度、扩散系数等物性，又兼有与液体相近的特性，是处于气态和液态之间的中间状态的物质。这种流体兼有液体和气体的优点：黏度小、扩散系数大、密度大，具有良好的溶解特性和传质特性，且在临界点附近对温度和压力特别敏感。超临界流体技术是利用超临界流体的这种特性而发展起来的一门新兴技术。如图 7-1 所示为纯物质的 $P-T$ 相图，其中阴影部分为超临界流体区。表 7-1 列举了气体、超临界流体和液体的密度、黏度及扩散系数 3 种性质。

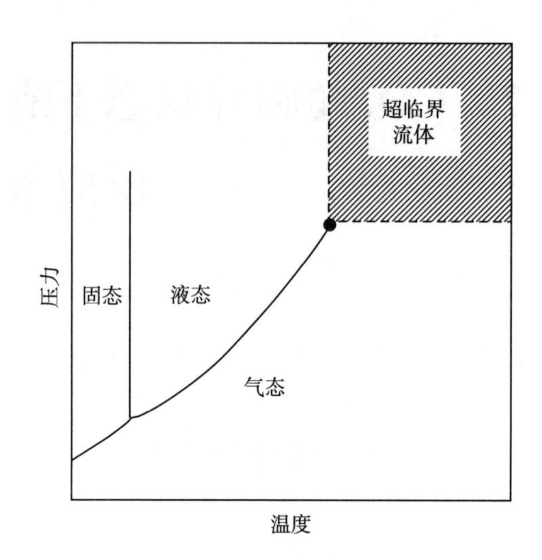

图 7-1　纯组分的 $P-T$ 相图

表 7-1　气体、超临界流体和液体性质的比较

性质	气体	超临界流体*	液体
密度	10^{-3}	0.7	1.0
黏度（cP）	$10^{-3}\sim10^{-2}$	10^{-2}	10^{-1}
扩散系数（cm^2/s）	10^{-1}	10^{-3}	10^{-5}

注　*表示在 32℃ 和 13.78MPa 时的二氧化碳。

7.1.1　超临界流体的性质

研究的超临界流体有 CO_2、甲苯、乙烷、水、甲醇和丙烷等，使用较多的超临界流体主要有 CO_2 等。纯 CO_2 的临界压力为 7.39MPa，临界温度为 31.06℃，当反应压力、温度高于临界点，被称为超临界 CO_2。这是一种可压缩的高密度流体，是通常所说的气、液、固三态以外的第四态，超临界 CO_2 的分子间力很小，类似于气体；而密度却很大，接近于液体，是一种气液不分的状态，没有相界面，也就没有相际效应，有助于提高反应效率，并可大幅度节能。

7.1.2 超临界 CO_2 流体萃取在中药中的应用

采用超临界 CO_2 萃取法较水蒸气蒸馏法收率高且萃取温度低，系统密闭，可大量保存对热不稳定及易氧化的成分。提取中药有效成分可防止有效成分的逸散和氧化，过程没有有机溶剂残留，因而可获得高质量的提取物并提高药用资源的利用率。目前，国内外可采用超临界 CO_2 流体萃取技术利用的药物资源有当归、五味子、黄花蒿、穿心莲、大黄、蛇床子、大麻等。

7.1.3 超临界 CO_2 流体萃取在天然香料工业中的应用

天然香料种类繁多，虽然生产的量较小，但对改善人民生活的作用很大。超临界 CO_2 流体萃取过程可在常温下进行，并且 CO_2 无毒、无残留，因此特别适合不稳定的天然产物和生理活性物质的分离精制。

7.1.4 超临界流体在材料工业中的应用

近年来，各国开展了超临界流体在材料领域的研究课题，主要集中在高分子材料及其改性，涉及到金属材料、微细颗粒制备，无机材料和有机材料等方面。超临界流体技术的材料制备方法有超临界溶液快速膨胀法、超临界流体抗溶剂法、超临界逆向结晶法、超临界流体干燥法、超临界流体渗透法等。

7.1.5 超临界流体在食品工业中的应用

超临界流体萃取在食品工业中应用主要集中在天然产品的加工项目，如植物及动物油脂的萃取、咖啡豆脱咖啡因、食品脱脂、植物色素萃取等。在保健食品的应用中，超临界流体萃取能从南瓜籽油中萃取亚油酸；超临界流体萃取可以将二十碳五烯酸和二十碳六烯酸等具有生理活性的功能性食品原料从鱼油中分离出来，Eisenbach 最早报道了鳕鱼油乙酯的超临界流体精馏的研究结果。此外，超临界流体萃取可以有效剔除食品中的有害成分，如在精制高纯度大豆磷脂方面，合理控制超临界流体萃取的工艺条件有利于磷脂酰胆碱含量的提高。超临界流体萃取作为一个方兴未艾的领域，国际上十分重视。目前，超临界 CO_2 萃取技术在我国已成功应用于银杏黄酮、茶多酚、茶色素、桉叶油、小麦胚芽油等十几种产品。

7.2 原料、试剂与仪器设备

7.2.1 主要原料

同 6.2.1。

7.2.2 材料与试剂

材料与试剂见表 7-2。

表 7-2 材料与试剂

名称	生产厂家
二氧化碳（纯度≥99.9%）	哈尔滨黎明气体有限公司
碘	汕头市西陇化工厂
可溶性淀粉	天津市化学试剂三厂
氯化汞	泰州市姜堰区环球试剂厂
无水乙醇（分析纯）	黑龙江双城区鑫田化学试剂制造有限公司
三氯甲烷（分析纯）	天津市耀华试剂有限责任公司
乙醚（分析纯）	天津市东丽区天大化学试剂厂
石油醚（分析纯）	天津市东丽区天大化学试剂厂
酚酞	天津市东丽区天大化学试剂厂

续表

名称	生产厂家
冰乙酸（分析纯）	天津市化学试剂三厂
硫代硫酸钠（分析纯）	天津市化学试剂三厂
碘化钾（分析纯）	天津市化学试剂一厂
乙醚（HPLC 级）	天津市科密欧化学试剂有限公司
甲醇（HPLC 级）	天津市科密欧化学试剂有限公司
CLA 标准品	Sigma 公司
脂肪酶 Novozym 435	丹麦诺维信公司
正己烷（色谱纯）	天津市化学试剂三厂
甲醇（色谱纯）	天津市化学试剂三厂
氢氧化钾（优级纯）	天津市大陆化学试剂厂
氮气（纯度≥99.9%）	哈尔滨黎明气体有限公司

7.2.3　主要仪器设备

主要仪器设备见表 7-3。

表 7-3　主要仪器设备

名称	生产厂家
水浴恒温振荡器	江苏太仓市医疗器械厂
101-3-S 型电热鼓风干燥箱	上海跃进医疗器械厂
AR2140 电子精密天平	梅特勒—托利多仪器（上海）有限公司
CP-Sil-88 强极性毛细管气相色谱柱	瓦里安公司
Aligent 7890A 气相色谱仪	安捷伦公司
高压反应釜	大连通达反应釜厂
DF-101S 集热式恒温加热磁力搅拌器	巩义市英峪高科仪器厂
高速离心机	北京医药公司
XW-80A 微型旋涡混合仪	上海沪西分析仪器厂

7.3 CO_2 超临界状态下酶法酯交换的方法

7.3.1 CO_2 超临界状态下酶法酯交换的操作过程

7.3.1.1 添加反应物

在反应釜中加入一定比例的CLA、大豆油、一定量的脂肪酶和纯净水，同时加入转子，再进行搅拌，确保脂肪酶在反应物中混合均匀。

7.3.1.2 排除空气

在关闭各阀门、反应釜盖时，严格控制用力的均匀程度，保证反应釜没有任何紧偏现象，紧固完成后严格将反应釜中的空气用 CO_2 反复置换3~5次，将高压反应釜中的空气全部除去，最后1次置换不放气，当 CO_2 达到一定压力时，关闭反应釜的阀门，为试漏做准备。该过程一定要在防爆区内进行。

7.3.1.3 试漏

将高压反应釜浸入水中，进行试漏，确保高压反应没有任何泄漏现象。

7.3.1.4 反应过程

高压反应釜的釜壁很厚，同时釜内有可能存在二氧化碳干冰，因此要严格控制升温速度，防止压力急剧上升。当高压釜达到反应温度后，开始搅拌计时，反应结束后，立即停止加热，待冷却至室温后，把反应釜拿至防爆区排除釜内气体。

7.3.1.5 离心分离

反应完毕后，开釜，取出转子。将反应产物进行离心分离，取上层液，得到甘油酯和脂肪酸混合液。

7.3.2 CO_2 超临界状态下酶法酯交换单因素试验

7.3.2.1 底物摩尔比对 CLA 接入率的影响

选取反应条件为：体系水分添加量 3%、酶用量 2%、反应压力 8MPa、反应温度 50℃、反应时间 5h。研究 CLA 与大豆油的摩尔比（1∶1、2∶1、3∶1、4∶1 和 5∶1）对 CLA 总接入率的影响。

7.3.2.2 体系水分添加量对 CLA 接入率的影响

选取反应条件为：底物摩尔比 3∶1、酶用量 2%、反应压力 8MPa、反应温度 50℃、反应时间 5h。研究体系水分添加量（1%、2%、3%、4%和 5%）对 CLA 总接入率的影响。

7.3.2.3 酶用量对 CLA 接入率的影响

选取反应条件为：底物摩尔比 3∶1、体系水分添加量 3%、反应压力 8MPa、反应温度 50℃、反应时间 5h。研究酶用量（1%、2%、3%、4%和 5%）对 CLA 总接入率的影响。

7.3.2.4 反应压力对 CLA 接入率的影响

选取反应条件为：底物摩尔比 3∶1、酶用量 2%、体系水分添加量 3%、反应温度 50℃、反应时间 5h。研究反应压力（8MPa、9MPa、10MPa、11MPa 和 12MPa）对 CLA 总接入率的影响。

7.3.2.5 反应温度对 CLA 接入率的影响

选取反应条件为：底物摩尔比 3∶1、酶用量 2%、体系水分添加量 2%、反应压力 11MPa、反应时间 5h。研究反应温度（40℃、50℃、60℃、70℃和 80℃）对 CLA 总接入率的影响。

7.3.2.6 反应时间对 CLA 接入率的影响

选取反应条件为：底物摩尔比 3∶1、酶用量 2%、体系水分添加量 3%、反应压力 11MPa、反应温度 60℃。研究反应时间（5h、10h、15h、20h 和 25h）对 CLA 总接入率的影响。

7.3.3 CO_2 超临界状态下酶法酯交换条件的优化

在单因素试验的基础上，选择适宜的因素和水平进行旋转正交组合设计优化无溶剂酶促酸解反应条件。按表 7-4 给出的因素水平编码表，以 CLA 接入率为指标，进行旋转正交设计试验，优化交联反应条件，利用 SAS 软件分析试验数据。

表 7-4 水平因素编码表

因素	水平				
	1.628	1	0	-1	-1.628
体系水分添加量（%）	1	1.4	2	2.6	3
酶用量（%）	2	2.4	3	3.6	4
反应时间（h）	15	17	20	23	25

7.4 CO_2 超临界状态下酶法酯交换影响因素的确定

7.4.1 底物摩尔比对 CLA 接入率的影响

底物比是影响大豆油中 CLA 含量的主要因素。由图 7-2 可知，结合到大豆油中的 CLA 含量随底物中 CLA 比例增加而提高，当 CLA∶大豆油的比例达到 3∶1 后，CLA 的总接入率趋于稳定。这是由于甘油三酯有 3 个酰基，当 CLA∶油脂的比例为 3∶1 时，即两者可交换的酰基比例为 1∶1，此时两者碰撞进而发生交换的概率较高。当底物比超过 3∶1 后，大豆油中 CLA 含量的增加不显著，多余的 CLA 造成浪费。因此，出于成本考虑，底物比为 3∶1 较为适宜。

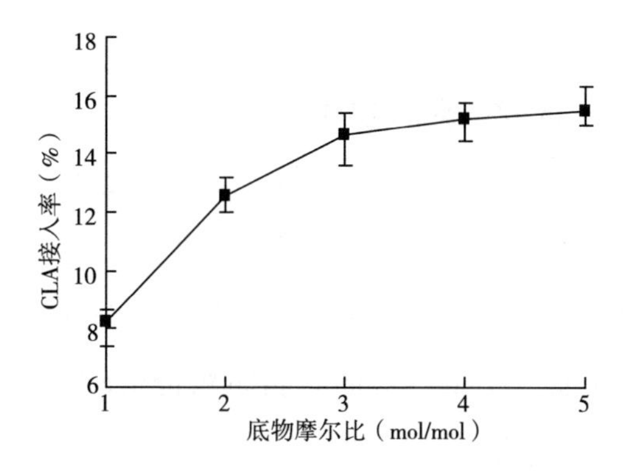

图 7-2 底物摩尔比对 CLA 接入率的影响

7.4.2 体系水分添加量对 CLA 接入率的影响

由图 7-3 可知，结合到大豆油中的 CLA 含量随着水分的增加而提高，这是因为水分起着增加酶活性和为起始水解提供水分的作用，水分的微量增加会促进酸解反应，并能使反应的平衡点移动。水分有利于保持酶活性部位构象，使酶充分发挥活力。当水分添加量为 2%时，含水量不足以使酶发挥其最大活性，此时 CLA 接入率较低。但当反应体系中水分含量超过 2%时，脂肪酶制剂大量吸附水分，酶表面被几层水分子包围，酶与反应介质不能充分接触，酶活力反而降低。因此，体系水分添加量为 2%较为适宜。

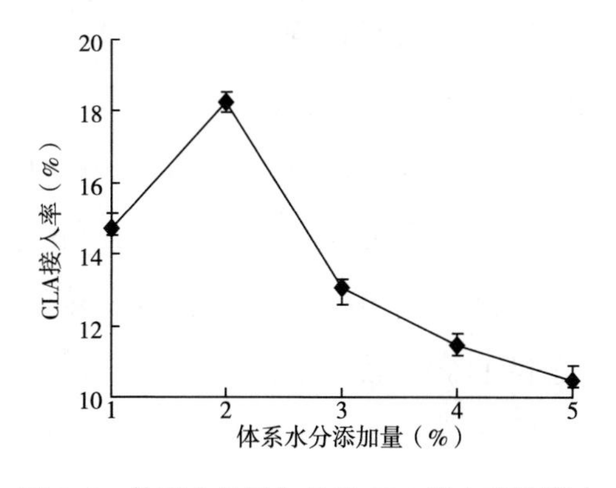

图 7-3 体系水分添加量对 CLA 接入率的影响

7.4.3 酶用量对 CLA 接入率的影响

由图 7-4 可知，随着酶用量的增加 CLA 的接入率也随之提高，但当酶用量达到 3%时，CLA 接入率达到最大值，此后 CLA 接入率略有降低，这是由于酶用量大时，水量不足，水解慢，偏酯的生成量少，限制后续酯化反应，因而产率不高。同时脂肪酶价格较高，出于成本考虑，酶用量选择 3%最为适宜。

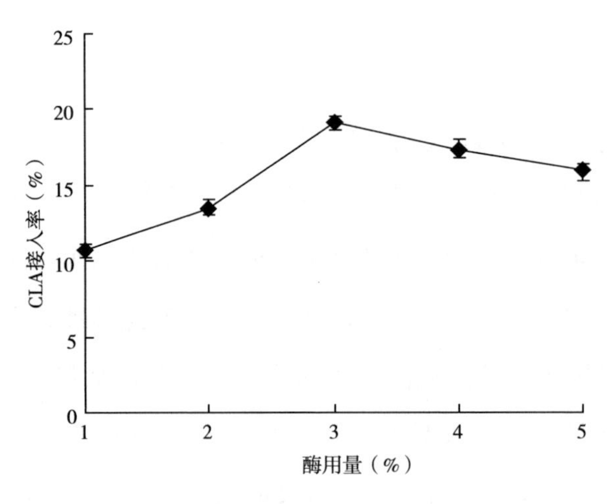

图 7-4　酶用量对 CLA 接入率的影响

7.4.4 反应压力对 CLA 接入率的影响

反应压力对脂肪酶催化反应速率影响较大，压力对脂肪酶本身体系影响不大，主要是影响 SC-CO_2 的性质，从而影响反应速率及接入率。一般随着反应压力的增加，反应速率加快，从而可相应缩短反应时间。由图 7-5 可知，当压力达到 11MPa 以上时，CLA 接入率的提高并不明显，因此反应压力选择 11MPa 较为适宜。

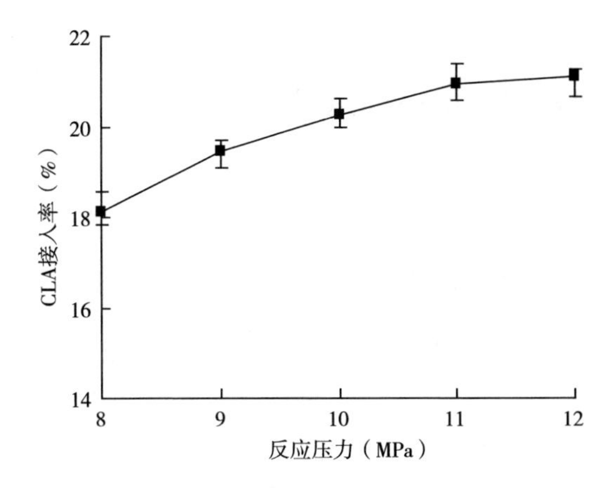

图 7-5 反应压力对 CLA 接入率的影响

7.4.5 反应温度对 CLA 接入率的影响

由图 7-6 可知，当温度从 40℃升至 60℃时，CLA 的总接入率逐渐上升，这说明随着温度的升高脂肪酶的催化活性部位逐渐暴露，发挥出较强的活性。当温度达到 60℃时，脂肪酶催化活性达到极值，之后接入程度开始下降，这可能是由于较高温度致使酶部分失活。可见，Novozym 435 在催化此酸解反应的最佳温度为 60℃。

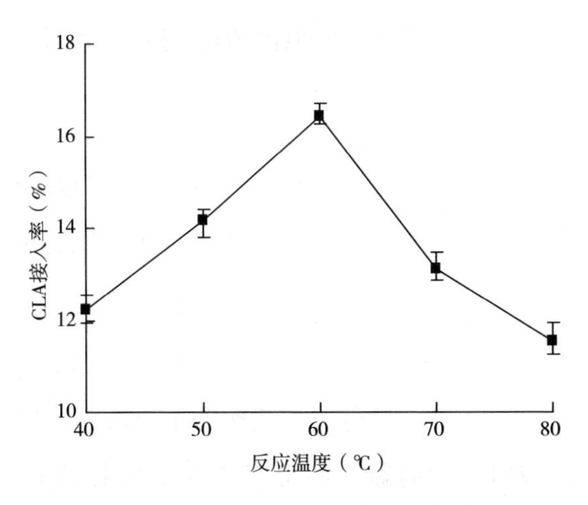

图 7-6 反应温度对 CLA 接入率的影响

7.4.6 反应时间对 CLA 接入率的影响

由图 7-7 可知，随着反应时间的延长，CLA 的接入率不断提高，但当反应时间达到 20~25h 时，CLA 的接入率反而略有下降，这可能是由于反应时间过长，酯交换反应达到平衡后反而略向逆反应方向进行。从时间考虑，反应时间定为 20h 最为适宜，此时 CLA 的接入率较高。

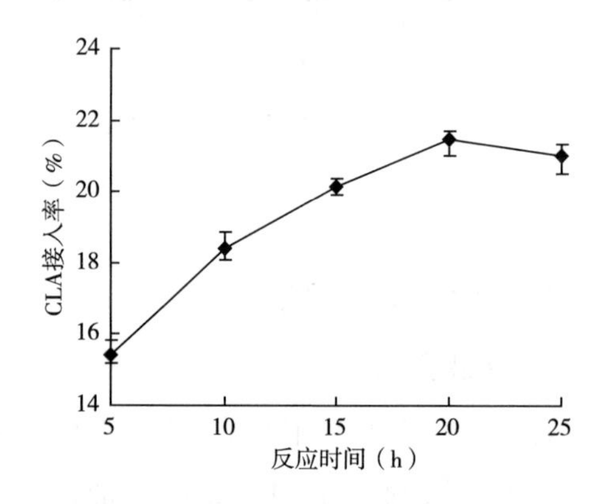

图 7-7 反应时间对 CLA 接入率的影响

7.5 CO_2 超临界状态下酶法酯交换工艺参数的优化

7.5.1 CO_2 超临界状态下酶法酯交换多元二次模型方程的建立及检验

通过对单因素试验结果进行分析，并考虑实际试验规模，故二次正交旋转试验中底物摩尔比、反应压力和反应温度不作为试验因素进行考查，选择底物摩尔比 3∶1、反应压力 11MPa、反应温度 60℃ 为二次正交旋转试验的参数。选出影响酶法酯交换的重要因素，即体系水分添加量、酶用量、反应时间。通过 SAS 软件对试验数据进行二次多项回归方程拟合，二次回归旋转组合设计和 CLA 接入率见表 7-5。

表 7-5 二次回归旋转组合设计表和结果

试验号	因素			CLA 接入率 (%)
	体系水分添加量 (%)	酶用量 (%)	反应时间 (h)	
1	-1	-1	-1	16.96
2	-1	-1	1	15.78
3	-1	1	-1	15.57
4	-1	1	1	14.48
5	1	-1	-1	20.24
6	1	-1	1	18.10
7	1	1	-1	16.31
8	1	1	1	14.85
9	-1.682	0	0	16.37
10	1.682	0	0	19.15
11	0	-1.682	0	20.98
12	0	1.682	0	16.61
13	0	0	-1.682	20.82
14	0	0	1.682	19.67
15	0	0	0	22.08
16	0	0	0	22.11
17	0	0	0	19.71
18	0	0	0	21.42
19	0	0	0	22.02
20	0	0	0	20.01
21	0	0	0	22.15
22	0	0	0	22.12
23	0	0	0	22.00

通过 SAS 软件对数据进行拟合，得到 CO_2 超临界状态下酶促酸解的 CLA 接入率对体系水分添加量、酶用量及反应时间的多元回归方程：

$Y=21.561416+0.833633x_1-1.260802x_2-0.571398x_3-0.561250x_1x_2-0.166250x_1x_3+0.096250x_2x_3-1.791254x_1x_1-1.425417x_2x_2-0.912891x_3x_3$

式中：Y——CLA 接入率,%；

x_1——体系水分添加量,%；

x_2——酶用量,%；

x_3——反应时间，h。

方差分析结果如表 7-6 及表 7-7 所示，由表可知，该模型极显著，$P=0.0004<0.01$，失拟不显著（$P=0.0638$），回归模型与实际情况拟合很好，可以用该模型预测 CO_2 超临界状态下酶法酯交换的实际 CLA 接入情况。回归方程各项的方差分析表明，各因素对结果影响程度按体系水分添加量、酶用量、反应时间依次降低，最优条件及 CLA 接入率见表 7-8。

表 7-6　试验结果的方差分析（回归方程）

方差来源	自由度	平方和	均方和	*F* 值	*P* 值
回归模型	9	134.891772	14.98797	8.47	0.0004
误差	13	23.015411	1.770416		
总误差	22	157.907183			

表 7-7　试验结果的方差分析（回归系数）

回归方差来源	自由度	平方和	均方和	*F* 值	*P* 值
一次项	3	35.671001	11.890334	6.72	0.0056
二次项	3	96.405534	32.135178	18.15	0.0001
交互项	3	2.815238	0.938413	0.53	0.6695
失拟项	5	15.550611	3.110122	3.33	0.0638
纯误差	8	7.464800	0.933100		
总误差	13	23.015411	1.770416		

表 7-8 最优条件下优化值及最优条件下的 CLA 接入率

因素	标准化	非标准化	CLA 接入率（%）
x_1	-0.20	1.8	
x_2	0.31	3.3	22.14
x_3	0.22	21.1	

7.5.2 CO_2 超临界状态下酶促酸解 CLA 接入率响应面交互作用分析

7.5.2.1 酶用量和反应时间对 CLA 接入率的影响

根据模型方程所作的响应面图及其等高线图（图 7-8），结果显示了当体系水分添加量处于中心水平时，酶用量和反应时间对 CLA 接入率的影响。当酶用量一定时，随着反应时间的增加，接入率逐渐增高，达到一定值后略有下降。当反应时间一定时，随着酶用量的增加，接入率先大幅增高然后逐渐降低。从等高线图可以看出，在二者交互作用中，酶用量是主要影响因素，在保持体系水分添加量处于中心水平的条件下，酶用量在-0.5~0 水平、反应时间在-0.5~0 水平时 CLA 接入率可以取到最大值。

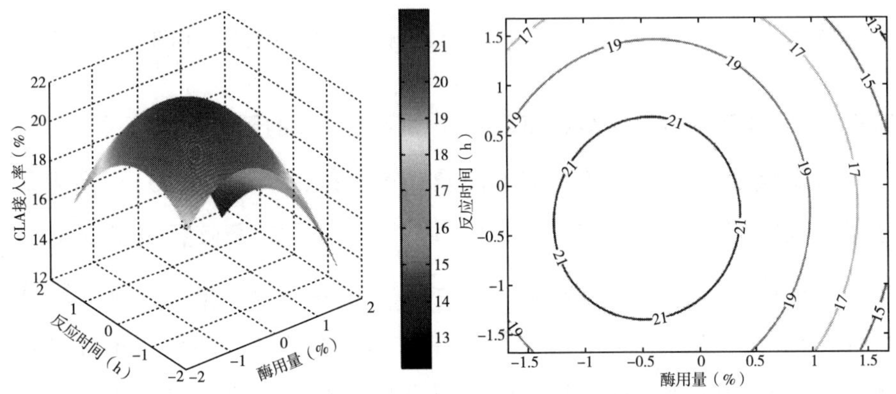

图 7-8 酶用量和反应时间交互影响 CLA 接入率的响应面和等高线图

7.5.2.2 体系水分添加量和反应时间对CLA接入率的影响

根据模型方程所作的响应面图及其等高线图（图7-9），结果显示了当酶用量处于中心水平时，体系水分添加量和反应时间对CLA接入率的影响。当反应时间一定时，随着体系水分添加量的增加，接入率先增高后降低。当体系水分添加量一定时，随着反应时间的增加，接入率先增高后降低。从等高线图可以看出，在二者交互作用中，反应时间是主要影响因素，在保持酶用量处于中心水平的条件下，反应时间在0到0.5水平之间、体系水分添加量在-0.5~0水平时CLA接入率可以取到最大值。

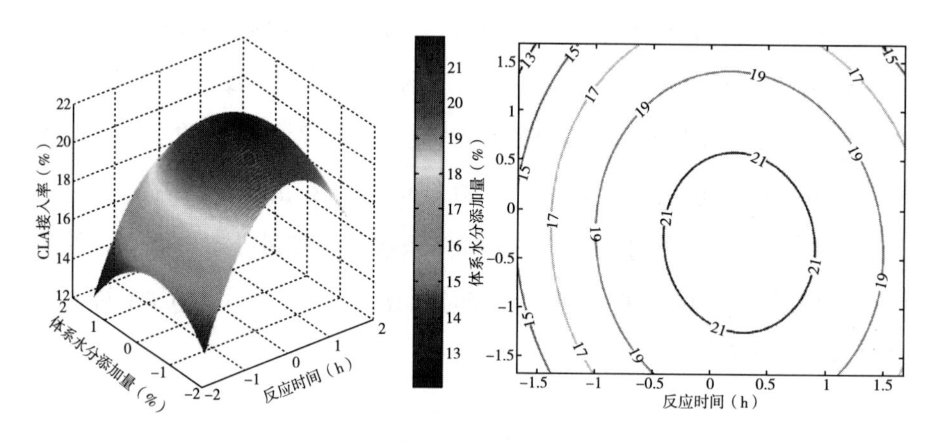

图7-9　体系水分添加量和反应时间交互影响CLA接入率的响应面和等高线图

7.5.2.3 体系水分添加量和酶用量对CLA接入率的影响

根据模型方程所作的响应面图及其等高线图（图7-10），结果显示了当反应时间处于中心水平时，体系水分添加量和酶用量对CLA接入率的影响。当体系水分添加量一定时，随着酶用量的增加，接入率先增高后降低。当酶用量一定时，随着体系水分添加量的增加，接入率先增高后降低。从等高线图可以看出，在二者交互作用中，酶用量是主要影响因素，在保持反应时间处于中心水平的条件下，体系水分添加量在0~0.5水平、酶用量在-1~-0.5水平时CLA接入率可以取到最大值。

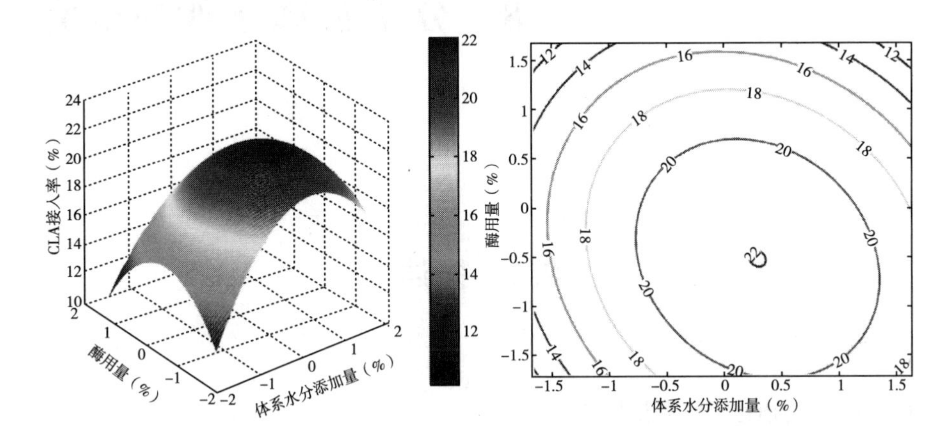

图 7-10　体系水分添加量和酶用量交互影响 CLA 接入率的响应面和等高线图

8　分子蒸馏条件的研究

8.1　概述

8.1.1　甘油酯纯化方法概述

各种甘油酯的分离纯化方法有很多种，如纸层析、薄层层析、柱层析、溶剂结晶分离法、超临界 CO_2 萃取法和分子蒸馏法等。其中，纸层析、薄层层析是比较传统的方法，分离的样品量极少。柱层析是目前运用比较普遍的技术，具有成本低的优点，柱填料有很多种选择，分离甘油酯主要采用硅胶及大孔吸附树脂，但工艺较复杂、分离时间长。溶剂结晶分离法的缺点是纯化后得到的甘油酯纯度低，自动化程度低，处理能力小。超临界 CO_2 萃取技术是近年来比较流行的分离纯化方法，其特点是无有机溶剂的添加和残留，是一种绿色、环保的纯化方法，但生产成本相对较高。分子蒸馏法又叫短程蒸馏法，是一种在高真空（0.1～10Pa）条件下进行的液—液分离技术。该技术的特点是操作温度低、时间短、产物纯化程度高，特别适用于分离高沸点的各种油脂。

分子蒸馏原理是基于不同物质在一定温度和真空度下分子平均自由程的不同，即液体混合物的各分子受热后会从液面逸出，并在离液面小于轻分子平均自由程而大于重分子平均自由程处设置一个冷凝面，使轻分子不断逸出，而重分子达不到冷凝面，从而打破动态平衡，将混合物中的轻重分子分开，如图 8-1 所示。

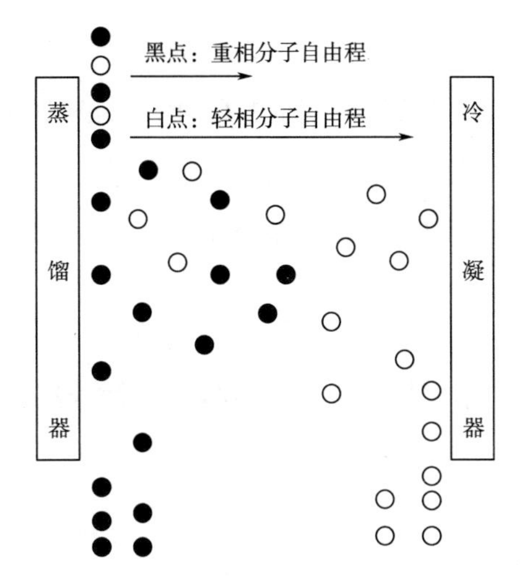

图 8-1 分子蒸馏分离原理

8.1.2 分子蒸馏在甘油酯纯化上的应用

在 20 世纪 60 年代，国外的一些发达国家就已开始研发和利用分子蒸馏技术分离高沸点、热敏性的物质，我国在 20 世纪 80 年代末才开始对分子蒸馏设备和工艺研究。目前，该技术已成功用于 150 多种物质的工业化分离，在功能性油脂的纯化方面更有广阔的发展空间。由于甘油一酯、甘油二酯、甘油三酯和游离脂肪酸的分子量差距较大，导致沸点也存在较大区别，因此甘油酯混合物适合采用分子蒸馏纯化，而且该技术可以回收甘油一酯和未反应的游离脂肪酸，已成为当今油脂纯化的重要技术之一。邵佩霞采用六级分子蒸馏技术对鱼油进行分离纯化，使其中二十二碳六烯酸（DHA）的含量从原来的 27.57%提高到 75.81%，DHA 与二十碳五烯酸（EPA）的总含量从原来的 32.11%提高到 82.23%。王思寒应用分子蒸馏技术对沙棘籽油皂化产物和乙酯化沙棘籽油进行了纯化，发现分离产物中不饱和脂肪酸的含量达到 80%以上。胡雪芳等采用超临界和分子蒸馏技术联合法提取、纯化孜然精油，经纯化后，孜然精油中主要有效成分枯茗醛的含量由 11.48%提高到 30.30%，纯化效果理想。刘秋云等利用刮膜式分子蒸馏仪对共轭亚油酸进行提纯，研究发现在最佳工艺条件下（温度230℃、压力0.1Pa、进料速度25滴/min、转速650r/min），CLA的纯度可达到91.37%。华娣等将酶法制备的甘油二酯进行二次分子蒸馏纯化，得到甘油二酯含量达93.20%的产品。

8.2 原料、试剂与仪器设备

8.2.1 主要原料

同6.2.1。

8.2.2 材料与试剂

材料与试剂见表8-1。

表8-1 材料与试剂

名称	生产厂家
二氧化碳（纯度≥99.9%）	哈尔滨黎明气体有限公司
碘	汕头市西陇化工厂
可溶性淀粉	天津市化学试剂三厂
氯化汞	泰州市姜堰区环球试剂厂
无水乙醇（分析纯）	黑龙江双城区鑫田化学试剂制造有限公司
三氯甲烷（分析纯）	天津市耀华试剂有限责任公司
乙醚（分析纯）	天津市东丽区天大化学试剂厂
石油醚（分析纯）	天津市东丽区天大化学试剂厂
酚酞	天津市东丽区天大化学试剂厂
冰乙酸（分析纯）	天津市化学试剂三厂
硫代硫酸钠（分析纯）	天津市化学试剂三厂
碘化钾（分析纯）	天津市化学试剂一厂
乙醚（HPLC级）	天津市科密欧化学试剂有限公司

续表

名称	生产厂家
甲醇（HPLC 级）	天津市科密欧化学试剂有限公司
重蒸去离子水	实验室自制
大豆分离蛋白（SPI，食品级）	大庆日月星有限公司
麦芽糊精（MD，食品级）	山东西王淀粉食品有限公司
分子蒸馏单甘酯	实验室分子蒸馏产物
CLA 标准品	Sigma 公司
脂肪酶 Novozym 435	丹麦诺维信公司
正己烷（色谱纯）	天津市化学试剂三厂
甲醇（色谱纯）	天津市化学试剂三厂
氢氧化钾（优级纯）	天津市大陆化学试剂厂
氮气（纯度≥99.9%）	哈尔滨黎明气体有限公司

8.2.3 主要仪器设备

主要仪器设备见表 8-2。

表 8-2 主要仪器设备

名称	生产厂家
水浴恒温振荡器	江苏太仓市医疗器械厂
101-3-S 型电热鼓风干燥箱	上海跃进医疗器械厂
AR2140 电子精密天平	梅特勒—托利多仪器（上海）有限公司
CP-Sil-88 强极性毛细管气相色谱柱	瓦里安公司
Aligent 7890A 气相色谱仪	安捷伦公司
恒温干燥箱 101-1 型	上海实验仪器厂
高压反应釜	大连通达反应釜厂
DF-101S 集热式恒温加热磁力搅拌器	巩义市英峪高科仪器厂
高速离心机	北京医药公司
XW-80A 微型旋涡混合仪	上海沪西分析仪器厂

8.3 分子蒸馏的方法

8.3.1 分子蒸馏纯化共轭亚油酸甘油酯的方法

超临界产物主要含有甘油一酯、甘油二酯、甘油三酯和游离脂肪酸。为了去除多余的游离脂肪酸、甘一酯和甘二酯，得到纯度较高、色泽理想的甘油三酯产品，本研究在兼顾产品酸价和得率的情况下，采用不同操作条件对混合甘油酯进行分子蒸馏。分子蒸馏的工艺流程图见图 8-2。

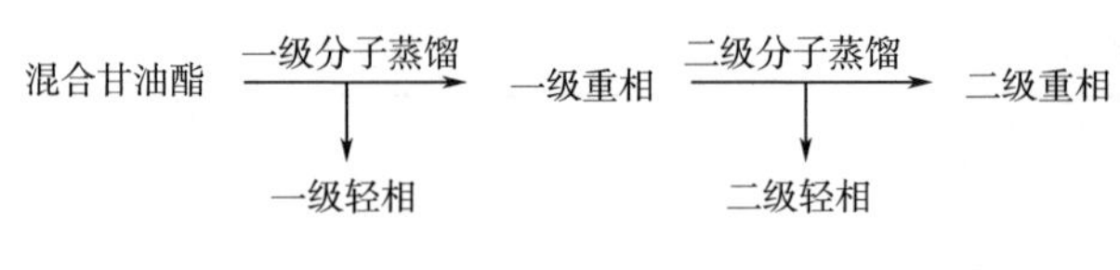

图 8-2　分子蒸馏工艺流程图

其中，一级轻相主要为甘油、脂肪酸、甘油一酯，一级重相主要为甘油二酯、甘油三酯。二级轻相主要是产品甘油二酯，二级重相主要为甘油三酯。

在一级蒸馏中，重相的甘油酯成分越多，对应游离脂肪酸含量越低，酸值就越低，试验中以重相酸值来衡量分子蒸馏的效果；二级分子蒸馏的进料温度参照一级分子蒸馏温度，试验中以甘油三酯含量来衡量分子蒸馏效果。

8.3.1.1　一级分子蒸馏工艺操作条件的确定

（1）进料温度对纯化效果的影响

进料温度主要影响蒸发表面的有效蒸发面积。在操作压力为 1.0Pa 的条件下，选取试验条件为：进料速率 100mL/h、刮膜器转速 100r/min、一级蒸馏温度 170℃。考查不同进料温度（50℃、60℃、70℃、80℃和

90℃）重相酸值的变化。

（2）进料速度对纯化效果的影响

进料速度的快慢主要影响物料在蒸发壁面上的停留时间。选取适宜的进料速度对提高产品的含量和得率有重要影响。在操作压力为 1.0Pa 的条件下，选择试验条件为：进料温度 80℃、刮膜器转速 100r/min、一级蒸馏温度 170℃。考查不同进料速度（50mL/h、100mL/h、150mL/h、200mL/h 和 250mL/h）下重相的酸值变化。

（3）刮膜器转速对纯化效果的影响

刮膜器主要用来使原料在蒸发表面形成均匀液膜。在操作压力为 1.0Pa 的条件下，选择试验条件为：进料温度 80℃、进料速率 100mL/h、一级蒸馏温度 170℃。考查不同刮膜器转速（100r/min、150r/min、200r/min、250r/min 和 300r/min）下重相酸值的变化。

（4）一级蒸馏温度对纯化效果的影响

蒸馏温度直接决定能否分离出目标产物及分离效果，混合物的一级分离主要是甘油、脂肪酸、甘油一酯、甘油二酯、甘油三酯的分离。在操作压力为 1.0Pa 的条件下，选择试验条件为：进料温度 80℃、进料速率 100mL/h、刮膜器转速 150r/min。考查不同一级蒸馏温度（150℃、160℃、170℃、180℃和 190℃）下重相酸值的变化。

8.3.1.2 二级蒸馏温度对纯化效果的影响

二级分离主要是将一级重相中的甘油二酯与甘油三酯分离。在操作压力为 1.0Pa 的条件下，选择试验条件为：进料温度 140℃、进料速率 100mL/h、刮膜器转速 150r/min。考查二级分子蒸馏温度（190℃、200℃、210℃、220℃和 230℃）下二级重相中甘油三酯含量的变化。

8.3.2 分子蒸馏重相组成的液相检测

液相分析方法具体如下：

液相色谱仪：Waters 1525 HPLC。

色谱柱：Waters Spherisorb Silica（5μm，4.6mm×250mm）。

柱温：30℃。

漂移管温度：60℃。

氮气压力：30 psi。

检测器：Waters 2424 蒸发光散射检测器（ELSD）。

流动相：A（正己烷：异丙醇=99：1）；B（正己烷：异丙醇：乙酸=1：1：0.01）。

洗脱程序：0~10min，A 由 100%线性降至 80%；10~14min，A 由 80%线性降至 70%；14~15min，A 由 70%线性升至 100%；15~20min，100%A。流速为 0.8mL/min。

8.4 分子蒸馏操作条件的确定

8.4.1 进料温度对纯化效果的影响

进料温度对纯化效果的影响见图 8-3。当进料温度小于 70℃时，原料的黏度较大，在蒸馏器中用于预热原料的蒸发面积较大，导致有效蒸发面积减少，一级重相酸值较高，多数游离脂肪酸未被蒸馏出去。随着进料温度的升高，用于预热原料的蒸发面积减少，有效蒸发面积增大，一级重相酸价得到有效降低，但进料温度大于 80℃后，重相的损失较大，同时产品纯度变化趋势减小。因此，选择进料温度为 80℃较为适宜。

8.4.2 进料速率对纯化效果的影响

进料速率对纯化效果的影响见图 8-4。进料速率的大小影响料液在加热表面的分布，因而对酸价的降低有较大的影响。当进料速率过大时，蒸发表面的有效利用率很低，原料未被加热蒸发就流入残液收集器，从而导致收率降低；而当进料速度太慢时，原料停留在蒸发表面的时间增加，使产品颜色变深，蒸发表面残余物黏度增大。因此，选择进料速度为 100mL/h 较为适宜。

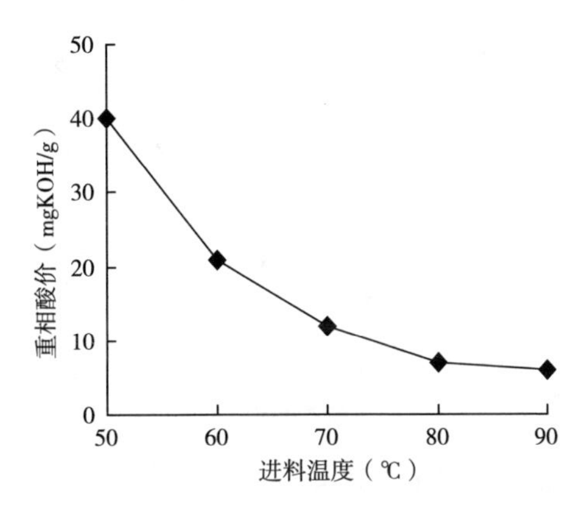

图 8-3　进料温度对一级重相酸值的影响

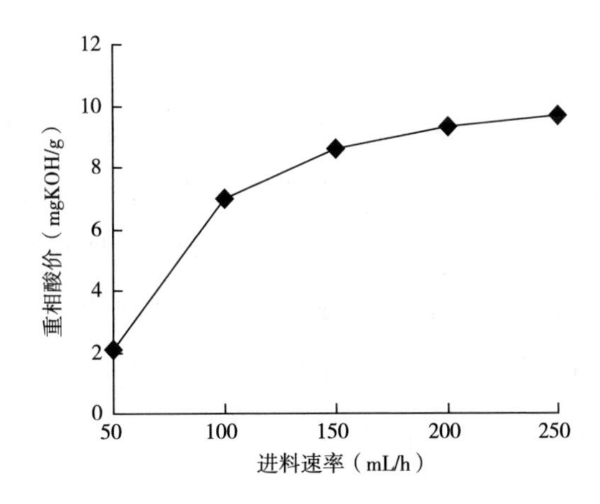

图 8-4　进料速率对一级重相酸值的影响

8.4.3　刮膜器转速对纯化效果的影响

刮膜器转速对纯化效果的影响见图 8-5。刮膜器主要用来使原料在蒸发表面形成均匀液膜。当刮膜器转速较低时，原料在蒸发表面难以形成均匀液膜，并且会带来传质和传热方面的问题；当转速过快时，会使部分原料未经蒸发就被甩至中间冷凝器上，导致分离效率降低，产品纯度下降。因此，选择刮膜器转速为 150r/min 较为适宜。

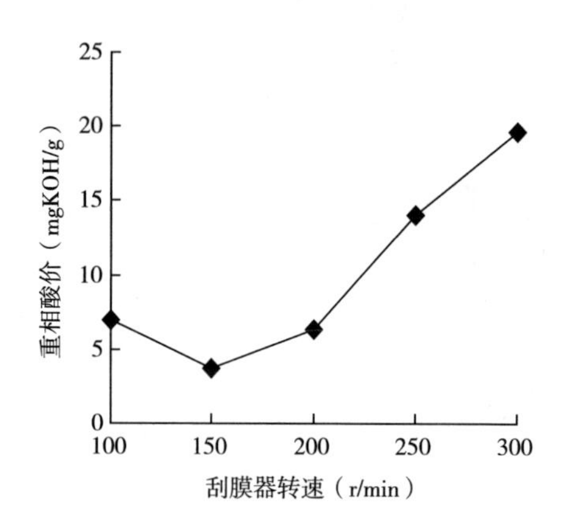

图 8-5　刮膜器转速对一级重相酸值的影响

8.4.4　一级蒸馏温度对纯化效果的影响

一级蒸馏温度对纯化效果的影响见图 8-6。随着加热壁面温度的升高，物料中游离脂肪酸分子获得的能量增多，分子运动加剧，使脂肪酸蒸发数量增加，重组分中游离脂肪酸的含量明显减少，有利于脱酸。但是超过 180℃后，重相的酸价降低趋势减缓，同时，色泽变得较差，可能是物料在高温下发生了裂解或氧化分解导致颜色加深。因此一级蒸馏温度选择 180℃较为适宜。

8.4.5　二级分子蒸馏温度对纯化效果的影响

由图 8-7 可知：随着蒸馏温度的升高，二级重相中甘油三酯含量逐渐升高。当蒸馏温度低于 210℃时，未达到对应压力下溶剂的沸点，二级轻相的馏出物含量低，对应重相中甘油三酯的含量低；当蒸馏温度高于 210℃时，甘油二酯完全被蒸馏出，重相中甘油三酯的含量升高，但随着温度的升高，甘油三酯含量的升高并不显著，同时重相中一部分甘油三酯也被蒸馏出来。因此，选择二级分子蒸馏温度为210℃较为适宜。

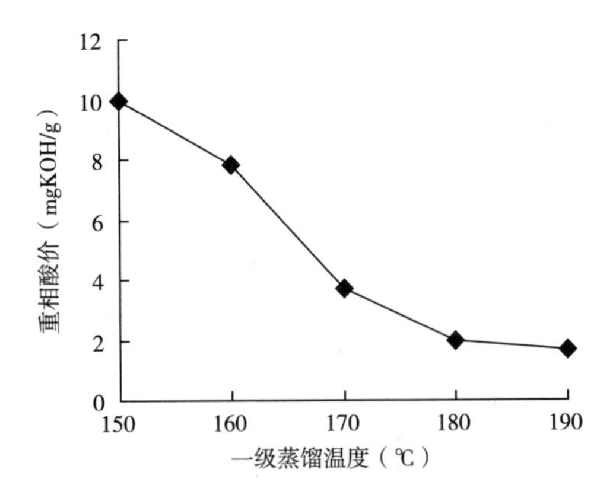

图8-6　一级蒸馏温度对一级重相酸值的影响

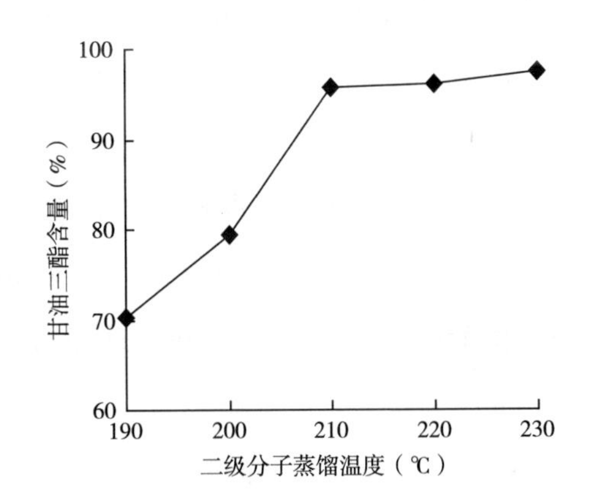

图8-7　二级蒸馏温度对甘油三酯含量的影响

8.5　分子蒸馏产品纯度及理化指标

8.5.1　分子蒸馏产品收率及纯化效果

根据对分子蒸馏条件的研究，确定分子蒸馏提纯超临界粗产品的操作条件为：一级分子蒸馏进料温度 80℃、进料速率 100mL/h、刮膜器转速 150r/min、一级蒸馏温度 180℃、二级蒸馏温度 210℃。经两级分子蒸馏后，重相的酸价由 100.3mgKOH/g 降低至 0.69mgKOH/g，产品中大部分是甘油三酯，甘油一酯和甘油二酯含量很少（见附图 5）。甘油三酯粗品经分子蒸馏后与蒸馏前各组分含量比较如表 8-3 所示。

表 8-3　分子蒸馏前后产品组成对比表

产品	TAG（%）	FFA（%）	DAG（%）	MAG（%）
分子蒸馏前	45.8	47.9	1.32	4.98
分子蒸馏后	95.7	0.13	0.61	3.56

从表 8-1 可以看出，蒸馏前游离脂肪酸含量较高，还有少量甘油一酯和甘油二酯。而蒸馏后游离脂肪酸含量明显下降，甘油一酯、甘油二酯均有所下降，甘油三酯含量显著升高，达到 95.7%。甘油三酯粗品为 50g，分子蒸馏后，二次蒸馏重相的重量为 21.56g，所以产品得率：21.56/50=43.1%，甘油三酯收率：21.56×95.7/(50×45.8)=90.1%。从分子蒸馏后产品收率及纯度来看，根据经验采用的分子蒸馏操作参数是比较合适的。

8.5.2　分子蒸馏产品理化指标分析

从表 8-4 可以看出，经过分子蒸馏的甘油三酯产品过氧化值低于原料大豆油，这是由于过氧化物被蒸出；酸价高于原料大豆油，这是由于反应原料中包含大量的游离脂肪酸，在分子蒸馏中未能彻底除去。分子蒸馏后得到的富含 CLA 的大豆油，在理化指标上完全能够达到一级压榨大豆油的国家标准。

表 8-4 甘油三酯产品理化性质

检测项目	富含共轭亚油酸的大豆油	原料大豆油	一级压榨大豆油（国家标准）
透明度	澄清、透明	澄清、透明	澄清、透明
气味、滋味	具有大豆油固有的香味和滋味，无 CLA 的酸味	具有大豆油固有的香味和滋味，无异味	具有大豆油固有的香味和滋味，无异味
酸价（mgKOH/g）	0.30	0.20	≤1.0
碘价（gI_2/100g）	134	134	—
过氧化值（mmol/kg）	1.00	1.15	≤6.0
色泽（罗维朋比色槽 25.4mm）	Y15R0.6	Y15R0.6	≤Y15R1.5
不溶性杂质（%）	0.06	0.03	≤0.05
水分及挥发物（%）	0.08	0.05	≤0.10

9 共轭亚油酸甘油酯微胶囊化的研究

9.1 微胶囊技术

微胶囊技术指利用成膜材料（常选热塑性高分子材料）将气体、液体或固体包埋、封存在一种微型胶囊（壳）内，形成直径几十微米到上千微米的微小容器的技术。微胶囊化（microencap sulation）是用涂层薄膜或壳材料敷涂微小的固体颗粒、液滴或气泡。微胶囊（microcapsule）是指由天然或人工合成的高分子材料研制而成的具有聚合物壁壳的微型容器或包装物，通过显微镜才能观察到。

微胶囊通常由壁材和芯材两部分组成，包埋、封存气体、液体或固体的成膜材料为壁材，通常将天然或合成的高分子材料作为壁材；被包埋的物质为芯材，如食品、农用化学剂、生物材料、有机溶剂、增塑剂、泡胀剂、防锈剂等。微胶囊的这种壁壳结构能够有效保护被包埋、封存其中的芯材，既能有效防止外界不利于芯材物质的侵入，又能阻止芯材向外逸出。微胶囊是目前被广泛应用的三大控制释放系统（脂质体、微胶囊和多孔聚合物系统）之一，最早由大西洋海岸渔业公司于1936年制备含鱼肝油明胶微胶囊时提出，此后学术界开始了对微胶囊技术的研究，该技术在20世纪六七十年代得到迅速发展，已广泛应用于医药、农药、香料、食品、染料等行业或领域，但我国起步较晚，有待进一步完善研究。

微胶囊颗粒的形状和大小与其制备工艺有关，其芯材可以由一种或多种物质构成，壁材也因组分的不同而具有多样性，有单层、双层或多层的结构；微胶囊颗粒一般呈球形，也有谷物形或不规则形状。微胶囊的最基本形态分为单核微胶囊和多核微胶囊两种，还有其他诸如多壁微胶囊、不规则微胶囊、微胶囊簇等。具体形态如图 9-1 所示。

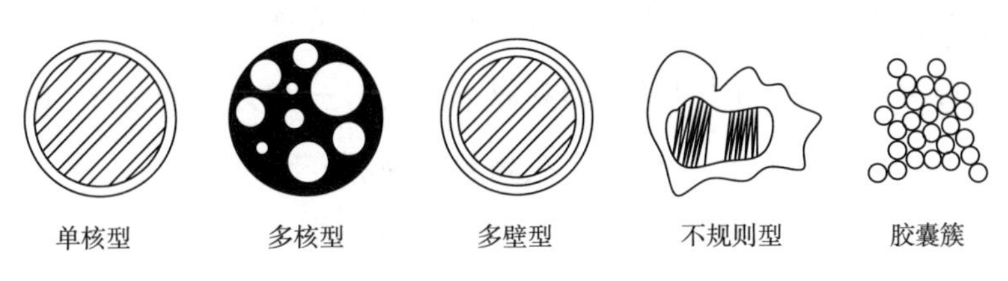

图 9-1　微胶囊的各种形态

9.1.1　微胶囊的功能

微胶囊技术的功能主要有以下 7 点：①可以改变芯材的分散状态，降低其挥发性，克服芯材与周围介质材料的热力学不兼容性，使一些容易挥发的物质变得难以挥发；②克服芯材与周围介质之间或芯材颗粒之间的绝缘性；③采用扩散或壳体破坏的方法延缓被包裹物质向介质的释放；④改善产品外观，将液体、气体等变成干燥的粉末；⑤隔离物料间的相互作用，保护敏感性物料，提高易氧化、易见光分解、易受温度或水分影响的物质稳定性；⑥隔离活性成分；⑦掩味，通过微胶囊化可以掩盖一些芯材的特殊气味，部分添加剂如某些维生素、矿物质等，因带明显的异味或色泽而影响被添加物的品质，制成微胶囊颗粒后，可掩盖不良风味与色泽，使微胶囊产品更易被人们所接受。

采用微胶囊技术制得的产品具有良好的贮藏稳定性和功能性，使用方便，也可改善产品外观，解决传统工艺所不能解决的许多问题。

9.1.2 微胶囊技术中常见的壁材

微胶囊的制备过程中，壁材的选择尤为重要，这是获得优质微胶囊的必需条件。对于壁材的选择，主要应考虑以下 3 点：一是壁材与芯材要相匹配且不发生化学反应；二是要考虑壁材自身的一些性质，如乳化性、成膜性、溶解性、吸湿性、稳定性和机械强度等；三是在工业生产中要考虑价格因素，尽量选择性价比较高的物质作为壁材。

微胶囊技术中常用的壁材分为以下 3 类：一是天然高分子材料，二是半合成高分子材料，三是全合成高分子材料。

适用于食品工业的壁材主要是天然材料，包括碳水化合物类、亲水胶体和蛋白质。碳水化合物类如淀粉、淀粉糖浆干粉、壳聚糖、小分子糖类和麦芽糊精等，这是因为它们具有好的溶解性，在高固体含量时仍表现出较低黏度。亲水胶体是指能溶解于水且在一定条件下能够充分水化形成黏稠、滑腻或胶冻溶液的大分子物质，亲水胶体主要包括果胶、瓜尔豆胶、阿拉伯胶、黄原胶、卡拉胶、琼脂和海藻酸盐等。蛋白质主要是能够减少界面张力及在油滴周围形成保护膜而达到稳定乳状液的效果，促进乳化液的形成，常用作壁材的蛋白质主要有动物来源的乳清蛋白、酪蛋白和明胶等，以及植物来源的大豆蛋白。

9.1.3 微胶囊的制造方法

目前，已有的微胶囊制备技术超过 200 种。微胶囊的制备技术涉及胶体化学和高分子化学、物理及物理化学、材料化学、分散和干燥技术等众多科学领域，而且具体的微胶囊制备技术还要结合所从事的专业领域知识，要对所选择的微胶囊应用条件和环境充分了解，通常根据性质、囊壁形成机制和成囊条件将微胶囊的制备方法分为物理法、物理化学法、化学法 3 大类。

近年来，为了合成某些微胶囊还在原有理论基础上进行了新工艺的改进，如利用微孔分散原理通过无机玻璃（SPG）膜乳化法和硅板材料表面的微通道（MC）乳化法，采用超临界流体技术的超临界流体快速膨胀法（RESS 法）、气体饱和溶液法（PGSS 法）、超临界流体抗溶剂结晶法（GAS 法）等。

9.1.3.1 物理法

物理法即机械方法，主要是借助专门的设备通过机械搅拌的方式首先将芯材和壁材混合均匀，细化造粒，最后使壁材凝聚固化在芯材表面而制备微胶囊。物理法主要包括喷雾干燥法、喷雾冷冻法、空气悬浮法（Wurster 法）、真空蒸发沉积法、复凝聚法、多空离心法及静电结合法等。

其中喷雾干燥法在食品工业中最为常见，其过程是将芯材分散于囊壁材料的稀溶液中，形成乳浊液或悬浮液，用泵将此分散液送至含有喷雾干燥的雾化器中，分散液则被雾化成小液滴，液滴中所包含的溶剂迅速蒸发从而使壁材析出形成囊壁。用此方法得到的微胶囊直径一般为 10~300μm，具有不规则的外形，是一些小粒子的集合体。喷雾干燥法相比其他方法不仅工艺简单，而且生产效率也较高，但是此法不适合热敏性物质的微胶囊化，且难以控制颗粒尺寸，比较适于小批量生产。

9.1.3.2 物理化学法

物理化学法即相分离法，主要是通过改变温度、pH 值、加入电解质等，使原本处于溶解状态的壁材从溶液中聚沉，并将芯材包埋其中形成微胶囊。凝聚法根据芯材的水溶性不同可分为油相分离法和水相分离法；根据凝聚机理的不同又分为单凝聚法和复凝聚法等。物理化学法还包括囊心交换法、挤压法、粉末床法等。

单凝聚法适于油脂和精油的微胶囊化，但成本较高；复凝聚法适于对非水溶性的固体粉末或液体的包埋。水相分离法适于热敏性物质，油相分离法适于水溶性或亲水性物质的微胶囊化。干燥浴法（复相乳化法）适于对固体或液体芯材的包埋。

9.1.3.3 化学法

化学法主要是建立在化学反应基础上，利用单体小分子发生聚合反应生成高分子或膜材料并将芯材包埋，可以制备各种类型的微胶囊。化学法包括界面聚合法、原位聚合法、锐孔法、分子包囊法和辐射包囊法等。界面聚合法包封率高，能够很好地保护活性物；原位聚合法适于气态、液态、水溶性和油溶性的单体；锐孔法是将聚合物溶解，加入活性物质使其分散其中，将分散液用锐孔装置加到另一种溶液中，胶囊析出，锐孔法适于对紫外光敏感的生物活性体的包埋。

9.1.4 微胶囊技术在食品行业的应用

20世纪50年代末期微胶囊技术开始应用于食品工业，但由于成本较高，微胶囊产品的生产在一段时间内受到相当程度的制约。随着人们生活水平的日益提高，人们对食品的风味、营养和功能性的要求也越来越高，这极大地促进了学者对微胶囊技术的不断研究和开发。目前微胶囊技术已成为食品工业的高新技术之一，在食品加工业有着举足轻重的地位。

微胶囊技术用于阻止油脂的氧化变质。赵群莉、邓修等人在2006年以麦芽糊精和阿拉伯胶为壁材，将超临界分离的液体花椒油微胶囊化，使花椒油直接转变成固体粉末，从而有效地阻止了花椒油的挥发、氧化和霉变。

微胶囊技术用于改变物料的存在状态、质量与体积。张国栋、马力等人在2005年以大蒜为原料提取蒜素后，以食用胶为壁材采用喷雾干燥法将其包埋，在芯材：壁材为1：3、进风温度150℃、进料速度1.56L/h、进料浓度35%的最佳工艺条件下，蒜素的包埋率达到97%，此法不仅有效保持了大蒜的有效成分和风味，且减小了体积、避免大蒜霉变，给运输存储带来便利。

微胶囊技术用于隔离芯材和外界的相互作用，保护敏感性物料。孙传庆等在 2007 年对番茄红色素的微胶囊化及稳定性进行了研究，研究结果表明番茄红素经微胶囊化后，不仅改变了溶解性能，而且提高了对热、光、氧、pH 的稳定性。Beristain 等用共晶法将橙皮油微胶囊化，并贮藏其产品，研究结果表明，与挤压法和喷雾干燥法相比，共晶法也可较好地保存挥发性的橙皮油，同时加入强抗氧化剂可更好地起到抗氧化效果。

微胶囊技术用于控制释放。Riitta 和 Alaize 等在以 β-环糊精为壁材、采用分子包埋法包埋香精的研究中发现，β-环糊精内部可以形成一个花边形的疏水腔，其大小可以部分或整体嵌合包埋很多种类的香精分子，遇水或高温后香精方可得以释放。该法已被广泛应用于香精的微胶囊化。万义玲等在 2007 年采用壳聚糖、海藻酸钠作为壁材、自制鱼油作为芯材，以复凝聚法制备了鱼油微胶囊产品。在最优条件下即芯壁比为 1：2、壁材（壳聚糖：海藻酸钠）比为 2.5：1、乳化剂用量为 0.1%、戊二醛用量为 3.5mL、pH 为 9、反应温度为 60℃、乳化搅拌速度为 800r/s 时，产品的包埋率达到了 90%以上。产品微胶囊形状多数为圆形，而且其释放时间和释放率均在合理范围内。

微胶囊技术可用于对菌种保护。孙俊良等在 2006 年将嗜酸乳杆菌微胶囊化，此法延长了菌体在自然环境中的存活时间，同时由于包埋的粒子直径较小，便于将嗜酸乳杆菌更安全地应用于微生态制品，且可作为该菌种的保存方法。

微胶囊技术用于掩盖不良风味。由于鱼油富含多不饱和脂肪酸 EPA 和 DHA，极易氧化且有特殊的鱼腥味，路宏波采用复合凝聚微胶囊技术将其包埋，经固化处理后，囊壁形成稳定的网状结构，能够耐受高温、高湿的环境，包埋率达到 94.79%。此法不仅可以有效防止其氧化变质，而且能够掩盖鱼腥味，改变其物理性质。

9.1.5 微胶囊技术在其他行业的应用

微胶囊技术除在食品领域有广泛的应用外，在其他领域，如记录材料、香料、农药、胶黏剂和涂料等领域也有广泛的应用空间。

20世纪40年代美国学者 Wurseter 利用空气悬浮法成功制备了微胶囊，并将其应用于药物包衣中。20世纪80年代，Sim 和 Lim 教授发明了由海藻酸钙—聚赖氨酸—海藻酸钙（APA）构成的“三明治”式结构微胶囊，使由 APA 制备免疫隔离微胶囊的技术越来越成熟。随后李崇辉等用 Sun 教授的方法研究包裹微囊大鼠胰岛和胰岛素分泌细胞系，并移植于糖尿病小鼠腹腔，结果表明该 APA 微囊化胰岛细胞移植具有很好的治疗效果、较好的生物相容性和免疫隔离作用。

Hirech 等采用聚乙烯醇（PVA）作为乳化剂，1，6-己二异氰酸酯（HDI）和1，2-己二胺聚合成聚脲壁膜包囊二嗪磷。由于当未包埋的杀虫剂和消毒剂混合时，二者会发生反应，从而降低了杀虫剂的功效，包埋后，产品具有了消毒和杀虫双重功效。

高培等在2007年利用戊二醛改性的2，4-甲苯二异氰酸酯与三乙烯四胺反应，通过界面聚合法制备出含黄色墨水的聚脲微胶囊。此微胶囊具有机械强度好、不易破裂、韧性强、耐水性和耐热性好等优点。

9.2 原料、试剂与仪器设备

9.2.1 主要原料

原料由实验室自制。

9.2.2　材料与试剂

材料与试剂见表 9-1。

表 9-1　材料与试剂

名称	生产厂家
可溶性淀粉	天津市化学试剂三厂
氯化汞	泰州市姜堰区环球试剂厂
石油醚（分析纯）	天津市东丽区天大化学试剂厂
冰乙酸（分析纯）	天津市化学试剂三厂
硫代硫酸钠（分析纯）	天津市化学试剂三厂
碘化钾（分析纯）	天津市化学试剂一厂
乙醚（HPLC 级）	天津市科密欧化学试剂有限公司
甲醇（HPLC 级）	天津市科密欧化学试剂有限公司
重蒸去离子水	实验室自制
大豆分离蛋白（SPI，食品级）	大庆日月星有限公司
麦芽糊精（MD，食品级）	山东西王淀粉食品有限公司
分子蒸馏单甘酯	实验室分子蒸馏产物
丁基羟基茴香醚（BHA）	国药集团试剂有限公司
叔丁基对苯二酚（TBHQ）	广州泰特工贸公司
维生素 E	国药集团试剂有限公司

9.2.3　主要仪器设备

主要仪器设备见表 9-2。

表 9-2　主要仪器设备

名称	生产厂家
水浴恒温振荡器	江苏太仓市医疗器械厂
101-3-S 型电热鼓风干燥箱	上海跃进医疗器械厂
AR2140 电子精密天平	梅特勒—托利多仪器（上海）有限公司

续表

名称	生产厂家
101-1 型恒温干燥箱	上海实验仪器厂
高压反应釜	大连通达反应釜厂
DF-101S 集热式恒温加热磁力搅拌器	巩义市英峪高科仪器厂
高速离心机	北京医药公司
XW-80A 微型旋涡混合仪	上海沪西分析仪器厂
均质机	盛通机械有限公司
高速离心喷雾干燥机	江阴市东盛药化机械有限公司
高剪切混合乳化机	启东昆仑机电制造有限公司

9.3 微胶囊的方法

9.3.1 微胶囊化工艺流程

将一定量 SPI 用水溶解后 80~85℃加热 15min，然后加入一定量的 MD，和占壁材总质量 3%的复合乳化剂（蔗糖脂肪酸酯：单甘酯=1：1），在连续搅拌的同时，加入一定量 CLA 甘油酯，加水至一定质量后搅拌均匀。采用高压均质机在一定压力下将油水混合物均质 2 次，得到稳定的乳化液。均质后的乳化液在高速离心喷雾干燥器中进行干燥，即得到微胶囊化 CLA 甘油酯粉末。喷雾干燥进风压力 12~14MPa，进风温度 160~180℃，进料温度 50~60℃，出风温度 65~85℃，进料流量 115mL/min。

9.3.2 微胶囊化工艺参数的确定

9.3.2.1 壁材配比对微胶囊化效果的影响

选取反应条件为：芯材占壁材百分比为 50%、总固形物含量 15%、均质压力 30MPa。研究 MD 与 SPI 的质量比（0.5∶1、1∶1、1.5∶1、2∶1 和 2.5∶1）对微胶囊化效果的影响。

9.3.2.2 芯材占壁材百分比对微胶囊化效果的影响

选取反应条件为：MD 与 SPI 的质量比 1∶1、总固形物含量 15%、均质压力 30MPa。研究芯材占壁材的百分比（25%、50%、75%、100% 和 125%）对微胶囊化效果的影响。

9.3.2.3 总固形物含量对微胶囊化效果的影响

选取反应条件为：MD 与 SPI 的质量比 1∶1，芯材占壁材百分比为 75%、均质压力 30MPa。研究总固形物含量（10%、15%、20%、25% 和 30%）对微胶囊化效果的影响。

9.3.2.4 均质压力对微胶囊化效果的影响

选取反应条件为：MD 与 SPI 的质量比 1∶1、芯材占壁材百分比为 75%、总固形物含量 20%，研究均质压力分别为 20MPa、25MPa、30MPa、35MPa 和 40MPa 对微胶囊化效果的影响。

9.3.3 CLA 甘油酯微胶囊乳化液配方的优化

在单因素试验的基础上，选择适宜的因素和水平进行旋转正交组合设计优化 CLA 甘油酯微胶囊化反应条件。按表 9-3 给出的因素水平编码表，以包埋率为指标，进行旋转正交设计试验，优化微胶囊化反应条件。利用 SAS 软件分析试验数据。

表 9-3 因素水平编码表

变量名称	水平				
	1.628	1	0	-1	-1.628
MD/SPI	1.5∶1	1.3∶1	1∶1	0.7∶1	0.5∶1
芯材占壁材百分比（%）	100	90	75	60	50
总固形物含量（%）	25	23	20	17	15

9.3.4 CLA 甘油酯微胶囊抗氧化性能的研究

采用 Schaal 烘箱加速氧化法。分别称取 100g 的 CLA 甘油酯于 2 个 250mL 的敞口三角瓶中，加热至 50℃，分别加入 0.01g 的 BHA、0.01g 的 TBHQ，先强力搅拌 10min，然后缓慢搅拌 20min。再另取 225g CLA 甘油酯微胶囊置于 1 个 500mL 的敞口三角瓶中。将 4 个三角瓶分别敞口放入 60℃恒温箱，每隔 24h 振荡 1 次，振荡约 20s，并交换油样在恒温箱中的位置。同时以不加抗氧化剂的大豆油为对照（CK），每隔 5d 定时取样，测定其过氧化值。

9.3.5 微胶囊化产品表面油含量及包埋率测定

定量称取 CLA 甘油酯微胶囊（m_1，精确至 0.0001g）于干燥的三角瓶中，加 30mL 蒸馏水，超声 2min 完全溶解后，用无水乙醇、乙醚、石油醚（体积比为 2∶1∶1）萃取 3 次，合并萃取液于已知质量的干燥梨形瓶（m_2）中，去除溶剂后称量（m_3）。计算出产品含油量。

$$产品含油量=m_3-m_2 \tag{9-1}$$

$$产品含油率=\frac{m_3-m_2}{m_1}\times100\% \tag{9-2}$$

定量称取 CLA 甘油酯微胶囊（m_4，精确至 0.0001g）于干燥的三角瓶中，在 30℃下加 20mL 石油醚充分萃取 2min，滤纸过滤，再分别加 10mL 石油醚萃取过滤 3 次，滤液用已知质量的干燥小梨形瓶（m_5）收集，蒸干梨形瓶中的溶剂后称量其质量（m_6）。计算其表面油含量。

$$表面含油率=\frac{表面油质量}{样品质量}\times100\%=\frac{m_6-m_5}{m_4}\times100\% \tag{9-3}$$

$$包埋率=\left(1-\frac{表面含油率}{产品含油率}\right)\times100\% \tag{9-4}$$

9.4 共轭亚油酸甘油酯微胶囊化影响因素的研究

9.4.1 壁材配比对微胶囊化效果的影响

由图 9-2 可以看出，包埋率因壁材比例的不同而变化显著。当 MD/SPI 的比例在一定水平时，包埋率较高。MD/SPI 比例小于 1∶1 时，易造成料液黏度过大，不利于喷雾干燥过程的闪蒸脱水，囊壁不能快速形成，比例降低，包埋率也随之下降。当 MD 与 SPI 质量比大于 1∶1 时，MD 的质量分数较大，粘壁现象加重，产品易吸潮聚结，流动性差，包埋率逐渐降低。所以，MD 与 SPI 的比例在 1∶1 时最佳，且喷雾粘壁极少。

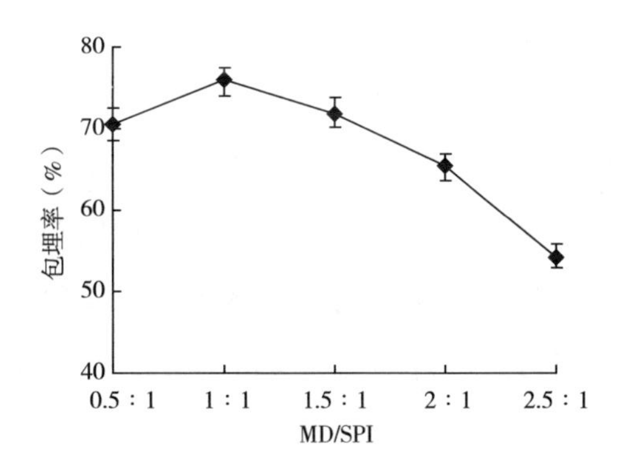

图 9-2 不同壁材配比对微胶囊化效率和产品特性的影响

9.4.2 芯材占壁材百分比对微胶囊化效果的影响

由图 9-3 可以看出，在一定范围内，随着壁材所占比例的提高，包埋率提高。因为增加壁材质量，可提高干燥中液滴成膜速度，芯材损失减少，所以包埋率随之提高。但壁材量过高，包埋率不再提高，反而下降，这是由于雾化速度下降，物料在雾化前停留时间增加，芯材损失增加。所以芯材占壁材百分比选择 75%较为适宜。

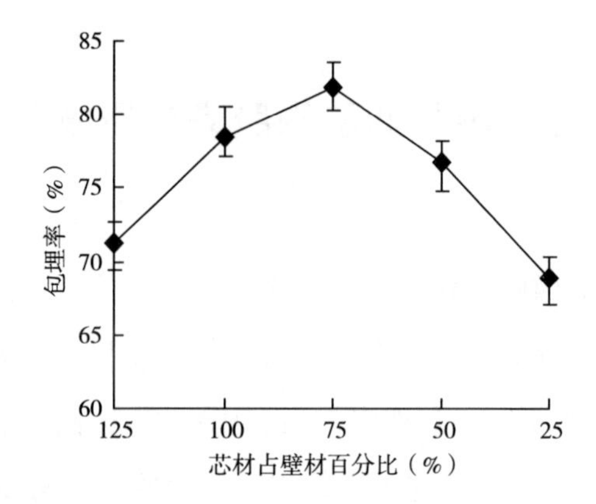

图 9-3　芯材占壁材百分比对微胶囊化效率和产品特性的影响

9.4.3　总固形物含量对微胶囊化效果的影响

由图 9-4 可知，总固形物含量增加，有利于喷雾干燥过程中囊壁的形成与其致密度的提高，另外，由于体系黏度的增加，减少了芯材向壁表面的扩散迁移，所以包埋率提高。但总固形物含量过高，可能会超出壁材的溶解范围，使壁材不能充分发挥包埋作用。此外，总固形物含量过高，可使液滴自由空间减小而易于聚集，在雾化过程中容易破裂，包埋率反而降低。所以，当总固形物含量为 20%时，包埋效果较好。

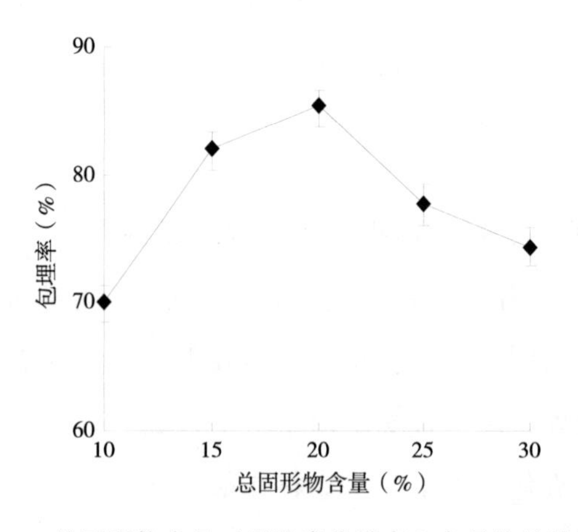

图 9-4　总固形物含量对微胶囊化效率和产品特性的影响

9.4.4 均质压力对微胶囊化效果的影响

均质是为了使芯材与壁材进一步充分混合并高度分散，便于微胶囊的制备。由图 9-5 可以看出，随着均质压力的增加，包埋率也随之提高，达到 30MPa 后，曲线上升较为平缓，这是因为加压使得颗粒半径逐渐减小，分布由不均匀到均匀，表面能逐渐增加，压力增加到一定值后液滴大小趋于恒定。但压力过高，液滴的总表面积过大，表面能过高，反而不利于溶液稳定。因此，均质压力选择 35MPa 较为适宜。

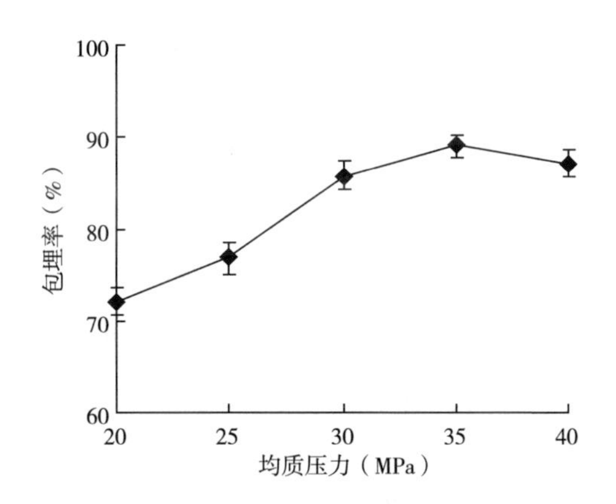

图 9-5 均质压力对微胶囊化效率和产品特性的影响

9.5 共轭亚油酸甘油酯微胶囊化工艺参数的优化

9.5.1 CLA 甘油酯微胶囊化多元二次模型方程的建立及检验

通过对单因素试验结果进行分析，并考虑到试验规模，故二次正交旋转试验中均值压力不作为试验因素进行考查，选择 35MPa 为二次正交旋转试验的均质压力。选出影响分离效果的主要因素，即 MD

与SPI质量比、芯材占壁材百分比、总固形物含量。通过SAS软件对试验数据进行二次多项回归方程拟合，二次回归旋转组合设计和试验结果见表9-4。

表9-4　二次回归旋转组合设计和试验结果

试验号	因素			包埋率（%）
	MD/SPI	芯材占壁材百分比（%）	总固形物含量（%）	
1	−1	−1	−1	83.6
2	−1	−1	1	79.1
3	−1	1	−1	84.8
4	−1	1	1	81.4
5	1	−1	−1	81.8
6	1	−1	1	77.1
7	1	1	−1	84.1
8	1	1	1	79
9	−1.682	0	0	84.2
10	1.682	0	0	77
11	0	−1.682	0	75.5
12	0	1.682	0	80.8
13	0	0	−1.682	81.8
14	0	0	1.682	78
15	0	0	0	91
16	0	0	0	90.7
17	0	0	0	89.1
18	0	0	0	84.6
19	0	0	0	86.1
20	0	0	0	92
21	0	0	0	90.5
22	0	0	0	90.9
23	0	0	0	90.8

通过SAS软件对数据进行拟合，得到共轭亚油酸甘油酯微胶囊化

的包埋率对 MD 与 SPI 质量比、芯材占壁材百分比及总固形物含量的多元回归方程：

$$Y=89.470416-1.391862x_1+1.216452x_2-1.763887x_3+0.087500x_1x_2-0.237500x_1x_3+0.087500x_2x_3-2.653152x_1^2-3.519144x_2^2-2.900578x_3^2$$

式中：Y——包埋率；

x_1——MD 与 SPI 质量比；

x_2——芯材占壁材百分比；

x_3——总固形物含量。

方程的方差分析结果如表 9-5 及表 9-6 所示，由表可知，该模型极显著 $P=0.0003<0.01$，失拟不显著（$P=0.4643$），回归模型与实际情况拟合很好，可以用该模型预测 CLA 甘油酯微胶囊化实际包埋情况。回归方程各项的方差分析表明，各因素对结果影响程度按芯材占壁材百分比、总固形物含量、MD 与 SPI 质量比依次降低，最优条件及包埋率见表 9-7。

表 9-5　试验结果的方差分析（回归方程）

方差来源	自由度	平方和	均方和	F 值	P 值
回归模型	9	523.549256	58.17214	9.17	0.0003
误差	13	82.463788	6.343368		
总误差	22	606.013044			

表 9-6　试验结果的方差分析（回归系数）

回归方差来源	自由度	平方和	均方和	F 值	P 值
一次项	3	89.126721	29.708907	4.68	0.0198
二次项	3	433.848785	144.616262	22.80	0.001
交互项	3	0.573750	0.19125	0.03	0.9926
失拟项	5	32.148232	6.429646	1.02	0.4643
纯误差	8	50.315556	6.289444		
总误差	13	82.463788	6.343368		

表 9-7 最优条件下优化值及最优条件下的包埋率

因素	标准化	非标准化	包埋率（%）
x_1	-0.15	0.95	
x_2	0.10	77.5	90.0
x_3	-0.18	19.1	

9.5.2 CLA 甘油酯微胶囊化包埋率响应面交互作用分析

9.5.2.1 芯材占壁材百分比和总固形物含量对包埋率的影响

根据模型方程所作的响应面图及其等高线图（图 9-6），结果显示了当 MD 与 SPI 质量比处于中心水平时，芯材占壁材百分比和总固形物含量对包埋率的影响。在一定范围内，当芯材占壁材百分比增加时，要保持较高的包埋率，总固形物含量就应适当增加。当总固形物含量增加时，也相应增加芯材占壁材百分比，才能获得较高的包埋率。从等高线图看出，在二者交互作用中，总固形物含量是主要影响因素，在保持 MD 与 SPI 质量比处于中心水平的条件下，芯材占壁材百分比在 0~0.5 水平、总固形物含量在-0.5~0 水平时包埋率可以取到最大值。

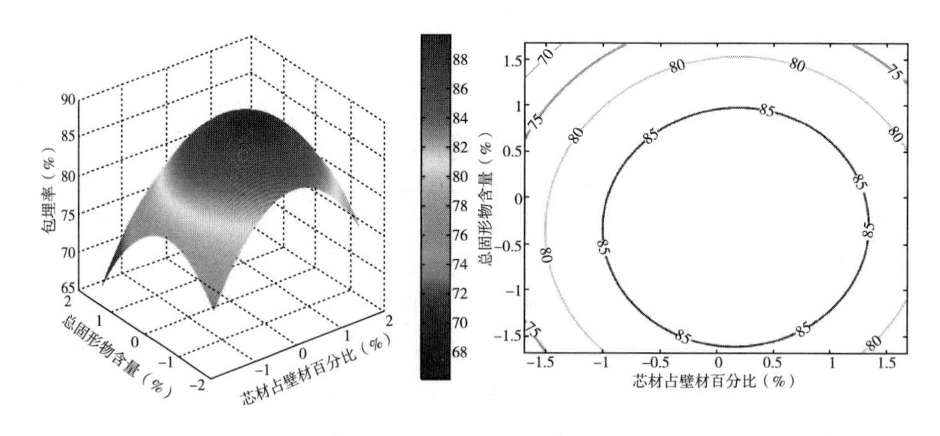

图 9-6 芯材占壁材百分比和总固形物含量交互影响包埋率的响应面和等高线图

9.5.2.2 MD 与 SPI 质量比和总固形物含量对包埋率的影响

根据模型方程所作的响应面图及其等高线图（图 9-7），结果显示了当芯材占壁材百分比处于中心水平时，总固形物含量和 MD 与 SPI 质量比对包埋率的影响。当总固形物含量一定时，随着 MD 与 SPI 质量比的增加，包埋率先增高后降低。当 MD 与 SPI 质量比一定时，随着总固形物含量的增加，包埋率先增高后降低。从等高线图看出，在二者交互作用中，MD 与 SPI 质量比是主要影响因素，在保持芯材占壁材百分比处于中心水平的条件下，总固形物含量在-0.5~0 水平、MD 与 SPI 质量比在-0.5~0 水平时包埋率可以取到最大值。

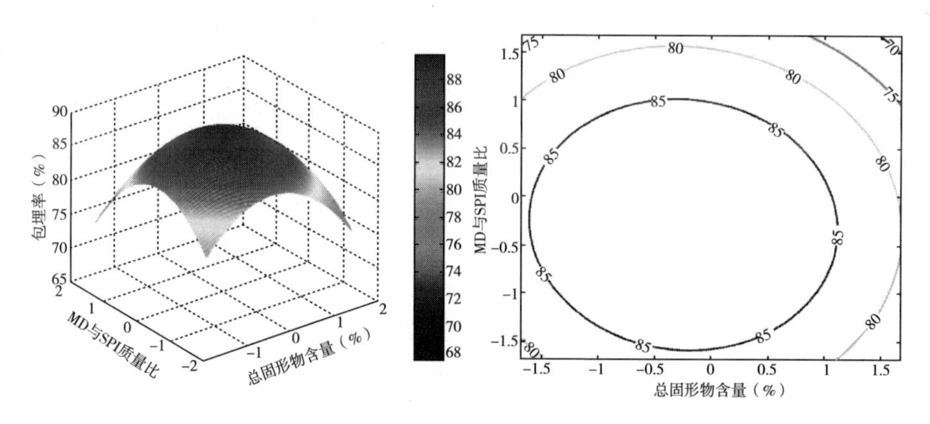

图 9-7 MD 与 SPI 质量比和总固形物含量交互影响包埋率的响应面和等高线图

9.5.2.3 MD 与 SPI 质量比和芯材占壁材百分比对包埋率的影响

根据模型方程所作的响应面图及其等高线图（图 9-8），结果显示了当总固形物含量处于中心水平时，MD 与 SPI 质量比和芯材占壁材百分比对包埋率的影响。当 MD 与 SPI 质量比一定时，随着芯材占壁材百分比的增加，包埋率先增高后降低。当芯材占壁材百分比一定时，随着 MD 与 SPI 质量比的增加，包埋率先增高后降低。从等高线图看出，在二者交互作用中，芯材占壁材百分比是主要影响因素，在保持总固形物含量处于中心水平的条件下，MD 与 SPI 质量比在-0.5~0 水平、MD 与

SPI 质量比在 0~0.5 水平时包埋率可以取到最大值。

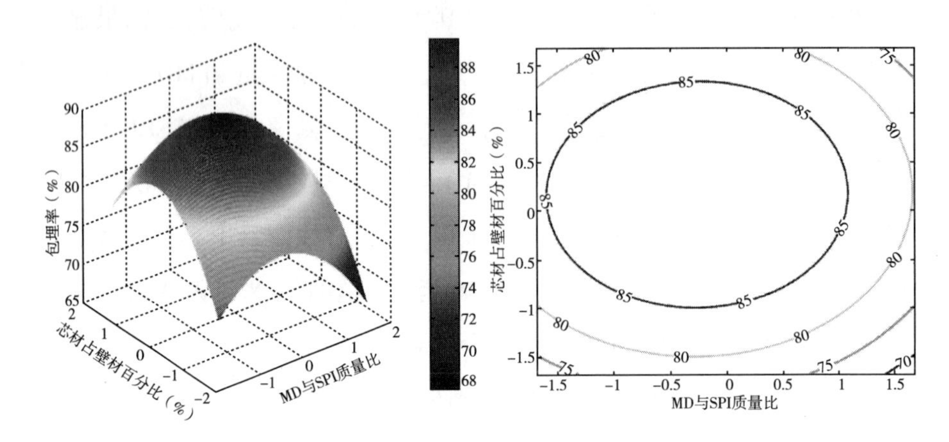

图 9-8　MD 与 SPI 质量比和芯材占壁材百分比交互影响包埋率的响应面和等高线图

9.6　共轭亚油酸甘油酯微胶囊抗氧化性能的研究

由图 9-9 可知，4 种不同条件下的 CLA 甘油酯在前 5 天的 POV 值变化不大，这是由于大豆油本身是富含天然维生素 E 的油脂，维生素 E 具有抗氧化性，因此在维生素 E 未被彻底氧化之前，POV 值没有明显的变化。随着时间的延长，添加 BHA、TBHQ 的 CLA 甘油酯和微胶囊化颗粒的 POV 值变化缓慢，而空白对照组的油样 POV 值明显快速升高。经过 30d 测试，POV 值由小到大的顺序是：添加 TBHQ 的油样<微胶囊颗粒<添加 BHA 的油样<空白样，这是由于 TBHQ 的抗氧化效果最好，而微胶囊的大部分油被包裹在颗粒中，不易被氧化，因此微胶囊的 POV 值低于添加 BHA 的油样。由此可知，将 CLA 甘油酯微胶囊化可以对油脂中的不饱和脂肪酸起到有效的保护作用。

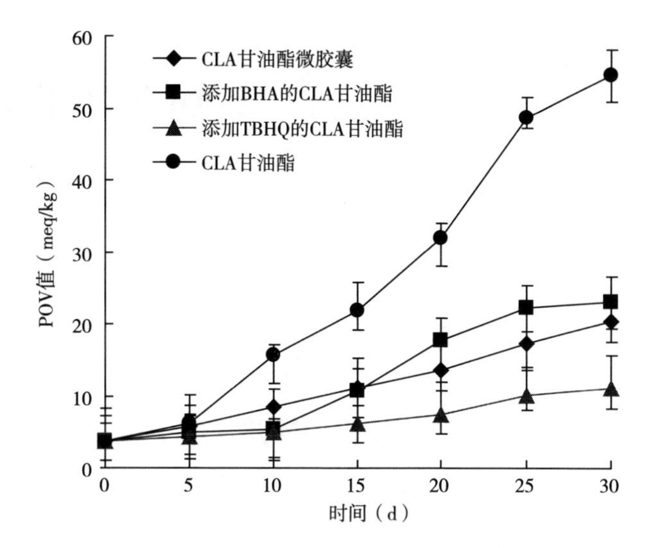

图 9-9　不同贮藏条件下 CLA 甘油酯 POV 值的变化

10　共轭亚油酸甘油酯功能性的研究

10.1　概述

共轭亚油酸具有降低血脂的作用，本研究制备所得共轭亚油酸甘油酯在功能性上需要得到试验验证，鉴于此，利用小鼠动物试验，了解共轭亚油酸甘油酯产品功能性，作为产品品质的重要评价指标之一。

在动物试验中，分别采用体重测量、血脂测量、身体组分测定综合判读产品在小鼠体内发挥作用的情况。体重测量可以直观反映小鼠的生存状态，是基本且重要的指标；血脂测量更加直接反应了共轭亚油酸甘油酯在小鼠体内是否发挥了降低血脂的作用，以及其规律性；身体组分测定，可以了解小鼠脂肪、蛋白质、水分等重要指标变化规律。以上指标的测定，可以共同反映出本研究所制备的共轭亚油酸甘油酯功能特性，具有现实意义。

10.2　原料、试剂与仪器设备

10.2.1　主要原料

原料为实验室自制。

10.2.2　材料与试剂

材料与试剂见表 10-1。

表 10-1　材料与试剂

名称	生产厂家
氯化汞	姜堰市环球试剂厂
无水乙醇（分析纯）	黑龙江双城市鑫田化学试剂制造有限公司
三氯甲烷（分析纯）	天津市耀华试剂有限责任公司
乙醚（分析纯）	天津市东丽区天大化学试剂厂
石油醚（分析纯）	天津市东丽区天大化学试剂厂
酚酞	天津市东丽区天大化学试剂厂
冰乙酸（分析纯）	天津市化学试剂三厂
硫代硫酸钠（分析纯）	天津市化学试剂三厂
碘化钾（分析纯）	天津市化学试剂一厂
乙醚（HPLC 级）	天津市科密欧化学试剂有限公司
甲醇（HPLC 级）	天津市科密欧化学试剂有限公司
重蒸去离子水	实验室自制
大豆分离蛋白（SPI，食品级）	大庆日月星有限公司
麦芽糊精（MD，食品级）	山东西王淀粉食品有限公司
分子蒸馏单甘酯	实验室分子蒸馏产物
丁基羟基茴香醚（BHA）	国药集团试剂有限公司
叔丁基对苯二酚（TBHQ）	广州泰特工贸公司
维生素 E	国药集团试剂有限公司

10.2.3　主要仪器设备

主要仪器设备见表 10-2。

表 10-2　主要仪器设备

名称	生产厂家
水浴恒温振荡器	江苏太仓市医疗器械厂
101-3-S 型电热鼓风干燥箱	上海跃进医疗器械厂

续表

名称	生产厂家
AR2140 电子精密天平	梅特勒—托利多仪器（上海）有限公司
DF-101S 集热式恒温加热磁力搅拌器	巩义市英峪高科仪器厂
高速离心机	北京医药公司
XW-80A 微型旋涡混合仪	上海沪西分析仪器厂
均质机	盛通机械有限公司
高剪切混合乳化机	启东昆仑机电制造有限公司

10.3 共轭亚油酸甘油酯功能性的研究方法

10.3.1 试验分组

本试验分成 6 组，每组 12 只，雌雄各半，每组鼠粮添加量为 600g/d，具体试验分组及其饲料组成如表 10-3 所示。

表 10-3 试验分组及其饲料组成 单位：g

组别	空白组（对照组）	试验组				
		大豆油组（阴性对照组）	CLA 组（阳性对照组）	CLA-SL 低剂量组（试验组 3）	CLA-SL 中剂量组（试验组 4）	CLA-SL 高剂量组（试验组 5）
正常鼠粮	588	588	588	588	588	588
SPI+MD	12	0	0	0	0	0
大豆油微胶囊	0	12	8	8	4	0
CLA 微胶囊	0	0	4	0	0	0
CLA-SL 微胶囊	0	0	0	4	8	12

注 其中微胶囊的制作按 CLA-SL 微胶囊的最优条件制得，添加量按照毒理学文献添加。

10.3.2 试验方法

小鼠适应性饲养 1 周后分组，按照上表设计连续喂养 4 周，动物自由进食和饮水，每周定时空腹称量体重。结束时，禁食 12h，眼球取血，分离血清后测定血清各项指标。将取血后的小鼠去除内脏，置于-20℃冷冻，随后剁碎进行冷冻干燥以测定身体中水分、脂肪和蛋白质组成。

10.3.3 指标测定

体重：每周定时空腹称量体重和摄食量，记录实验小鼠的体重和摄食量。

血清：总甘油三酯（TG）、总胆固醇（TC）、高密度脂蛋白胆固醇（HDL-C）、低密度脂蛋白胆固醇（LDL-C）。

身体组成：水分含量、蛋白质含量（凯氏定氮法）、脂肪含量（索氏抽提法）。

10.4 共轭亚油酸甘油酯对小鼠体重的影响

从图 10-1 和图 10-2 可以看出，试验前，各组小鼠的初始体重无显著差异，且各组小鼠体重分配均匀，有利于后续的比较。

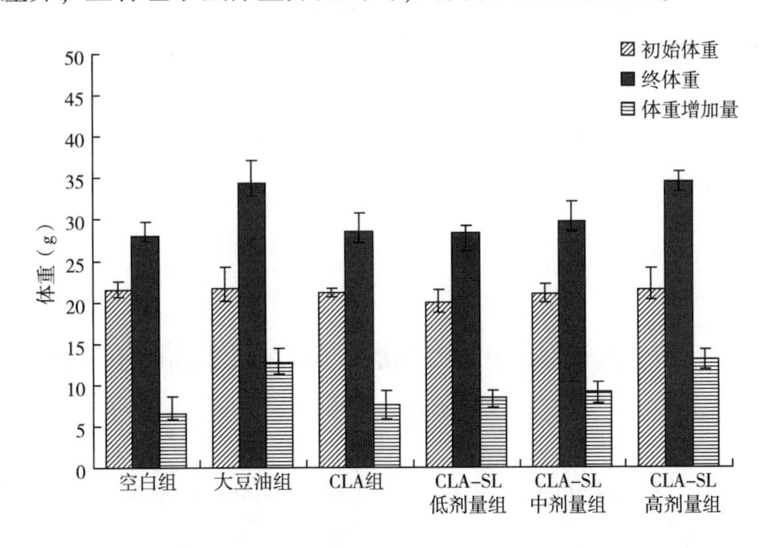

图 10-1　不同饲料组成对雄性鼠体重的影响

注：所有结果表示为：x±SD（n=5 或 6）。

试验结束时，小鼠的体重有了明显增加。与空白组相比，大豆油组的体重增加显著，可能是由于该组给小鼠喂食了过多的油脂；CLA 组的体重并无显著差异，可见 CLA 对体重的影响不大；CLA-SL 低、中剂量组的体重增加量与空白组无明显差异，CLA-SL 高剂量组的体重增加量与大豆油组相近，说明 CLA-SL 对体重减轻的贡献并不大。Park 等研究也证实，在小鼠的日常饲喂中，与正常饲料相比，含有 CLA 的饲料并不能使其体重有显著的差异。

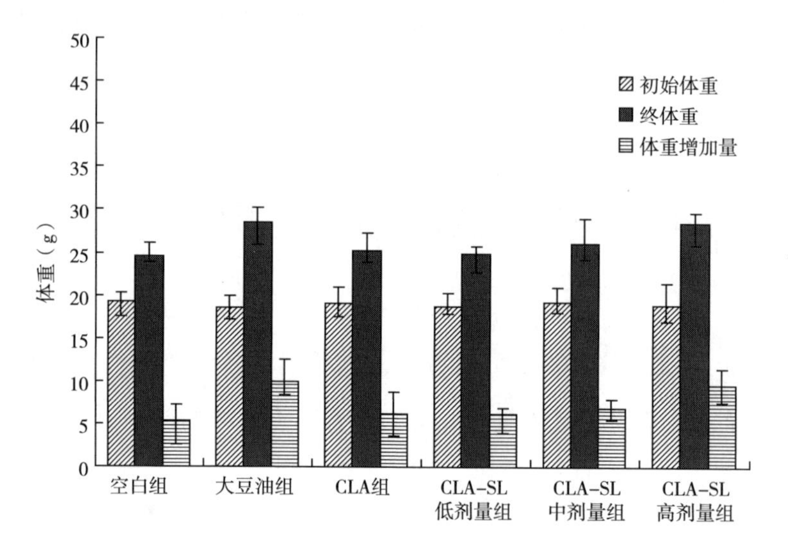

图 10-2　不同饲料组成对雌性鼠体重的影响

注：所有结果表示为：x±SD（n=5 或 6）。

10.5　共轭亚油酸甘油酯对小鼠血脂的影响

以 TG、TC、HDL-C、LDL-C 为指标，不同饲料组成对小鼠血脂的影响见图 10-3。

由图 10-3 可见，相比于大豆油组，CLA 组能显著降低小鼠血清中

TG、TC、LDL-C 的浓度，而能显著增加 HDL-C 的浓度。与大豆油组相比，CLA-SL 低、中剂量组的 TG、TC、HLD-C、LDL-C 的浓度没有显著差异。但 CLA-SL 高剂量组的 TG 浓度显著降低，而 HDL-C 浓度显著增高，TC 和 LDL-C 略有下降，但不显著。有一些研究表明，日粮中添加 CLA 可降低血清中 TG 与 TC 含量，提高 HDL-C 含量。也有研究认为 CLA 的添加对血清中 TC 含量影响不显著。本试验表明，当 CLA-SL 摄入量达 0.4g/d 时，小鼠的 TG 含量显著降低，同时 HDL-C 含量显著增加，但 TC 和 LDL-C 含量无显著差异。

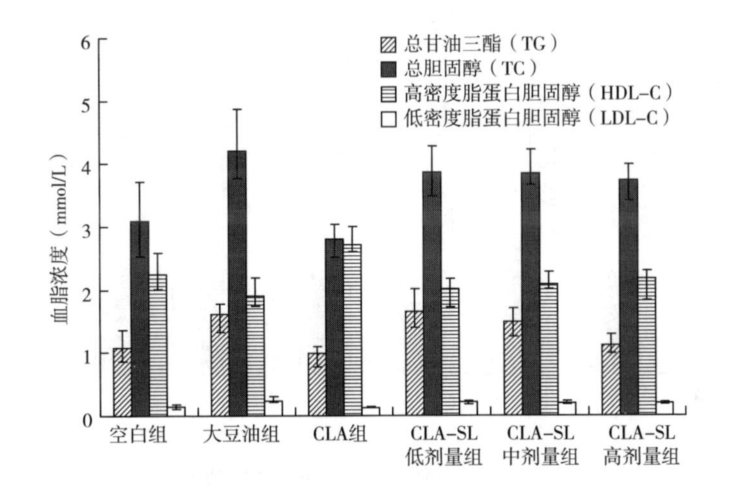

图 10-3　不同饲料组成对小鼠血脂的影响

注：所有结果表示为：x±SD（n=11 或 12）。

10.6　共轭亚油酸甘油酯对小鼠身体组成的影响

体脂含量能准确反映出肥胖程度，不同饲料组成对小鼠身体组成的影响见图 10-4。

由图 10-4 可知，与空白组相比，CLA 组的小鼠身体组成发生了显著变化，水分由 57.47% 增加到 68.46%，脂肪由 18.31% 减少到 10.73%，蛋白质由 17.36%增加到 19.20%，由此可知饲料中添加 CLA 确实可以增加小白鼠身体的水分和蛋白质含量，脂肪的含量则下降。与大豆油组相比，CLA-SL 低、中、高剂量组的小鼠身体发生明显变化，且随着剂量的增加变化明显；以 CLA－SL 高剂量组为例，水分由 56.88%增加到 62.02%，蛋白质由 17.49%增加到 19.40%，而脂肪则由 23.35%减少到 13.85%。

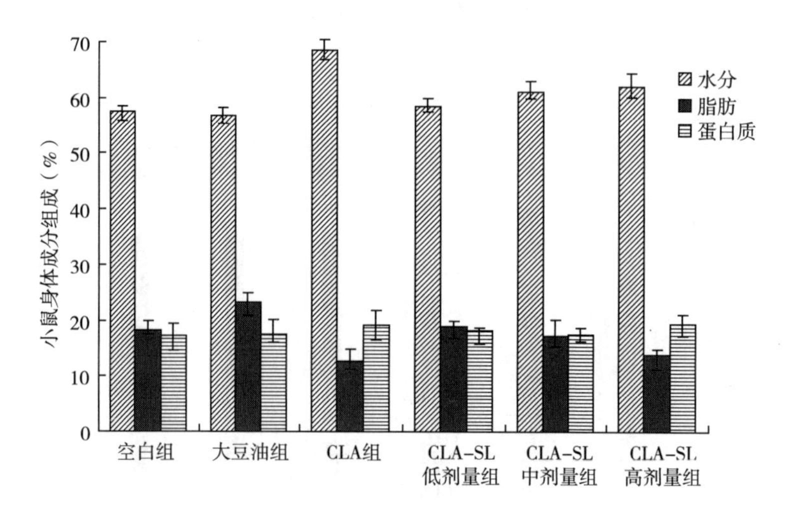

图 10-4　不同饲料组成对小鼠身体组成的影响

注：所有结果表示为：x±SD（n=11 或 12）。

参考文献

[1] SAKAGUCHI K, BOKI K, MORI H, et al. Adsorption of. BETA. -carotene from alkali-refined rape seed and soybean oils with attapulgite and sepiolite [J]. Eisei Kagaku, 1995, 41 (4): 280-286.

[2] Bailey. Bailey's Industrial Oil & Fat Products (4th edtion) [M]. New York: John Wiley & Sons. 1982.

[3] BOKI K, SAKAGUCHI K, MORI H, et al. Adsorption of chlorophyll and pheophytin from alkali-refined rapeseed and soybean oils with attapulgite and sepiolite [J]. Journal of Japan Oil Chemists' Society, 1996, 45 (6): 529-536.

[4] 闫文义. 全球非转基因大豆生产及贸易消费情况 [J]. 大豆科技, 2022 (5): 8-10.

[5] 陈丽惠. 转基因大豆油质量评价 [J]. 食品科技, 2019, 44 (11): 213-216.

[6] SHARAFI E, DEHESTANI A, FARMANI J, et al. Chlorophyllase-catalyzed chlorophyll removal from vegetable oils using recombinant eukaryotic and prokaryotic enzymes [J]. Journal of the American Oil Chemists' Society, 2021, 98 (4): 391-401.

[7] YULIARITA E, ZULYS A. Utilization of natural compounds (chlorophyll and carotene extracts) as an octane-boosting additive in gasoline [J]. IOP Conference Series: Materials Science and Engineering, 2019, 496: 012048.

[8] LOYPIMAI P, MOONGNGARM A, SITTISUANJIK K, et al. Enhancement

of bioactive compounds and oxidation stability of soybean oil by enrichment with tocols and γ-oryzanol extracted from rice bran using ultrasound and ohmic heating [J]. Journal of Food Processing and Preservation, 2022, 46 (11).

[9] 罗晓岚. 油脂在脱臭后反式脂肪酸的生成及维生素 E 的损失问题的探讨 [J]. 中国油脂, 2000, 25 (1): 26-29.

[10] 李江涛, 王明霞, 邓乾春, 等. 反式脂肪酸的控制与检测技术 [J]. 中国粮油学报, 2008, 23 (5): 204-208.

[11] 魏丽芳, 李培武, 谢立华, 等. 食用油脂中反式脂肪酸研究进展 [J]. 食品工业科技, 2008, 29 (2): 294-298.

[12] 袁向华, 李琳, 李冰, 等. 食品工业专用油脂中反式酸的控制 [J]. 食品研究与开发, 2008, 29 (5): 146-151.

[13] 郑艺, 何亚红, 何计国. 油脂对油炸食品中反式脂肪酸含量的影响 [J]. 食品科学, 2020, 41 (6): 58-63.

[14] BOKI K, WADA T, OHNO S. Effects of filtration through activated carbons on peroxide, thiobarbituric acid and carbonyl values of autoxidized soybean oil [J]. Journal of the American Oil Chemists' Society, 1991, 68 (8): 561-565.

[15] TAYLOR D R, UNGERMANN C B, DEMIDOWICZ Z. The adsorption of fatty acids from vegetable oils with zeolites and bleaching clay/zeolite blends [J]. Journal of the American Oil Chemists' Society, 1984, 61 (8): 1372-1379.

[16] KING R R, WHARTON F W. Oxidation effects in adsorption bleaching of vegetable oils [J]. Journal of the American Oil Chemists Society, 1949, 26 (5): 201-207.

[17] SARIER N, GULER C. The mechanism of β- Carotene adsorption on

activated montmorillonite [J]. Journal of the American Oil Chemists' Society, 1989, 66 (7): 917-923.

[18] NKPA N N, AROWOLO T A, AKPAN H J. Quality of Nigerian palm oil after bleaching with local treated clays [J]. Journal of the American Oil Chemists Society, 1989, 66 (2): 218-222.

[19] PROCTOR A, SNYDER H E. Adsorption of lutein from soybean oil on silicic acid I. Isotherms [J]. Journal of the American Oil Chemists' Society, 1987, 64 (8): 1163-1166.

[20] 周灵群. 凹凸棒石油脂脱色行为及其机理 [J]. 食品科学, 2019, 40 (3): 87-93.

[21] 赵元元, 胡本伦, 贾才华, 等. 煎炸油中反式脂肪酸和极性化合物检测方法及防控措施研究进展 [J]. 中国油脂, 2021, 46 (4): 84-91.

[22] 蒋甜燕, 王宏平, 孙日飞, 等. 脱色吸附剂对大豆脱色油返酸返色的影响 [J]. 中国油脂, 2023, 48 (5): 16-19.

[23] MBAH J B B, KAMGA R, PRAISLER M, et al. Effect of texture and surface chemistry of palm nut hull activated carbon on the adsorption of pigments and free fatty acids from vegetable oils [J]. 材料科学与工程: 中英文B版, 2019, 9 (3): 14.

[24] PATTNAIK M, MISHRA H N. Oxidative stability of ternary blends of vegetable oils: A chemometric approach [J]. LWT, 2021, 142: 111018.

[25] ZHANG H L, SHI M X, XIA M Z, et al. The adsorption mechanism of montmorillonite for different tetracycline species at different pH conditions: The novel visual analysis of intermolecular interactions [J]. Water, Air, & Soil Pollution, 2021, 232 (2): 65.

[26] ZHANG H L, ZHAO F, XIA M Z, et al. Microscopic adsorption mechanism of montmorillonite for common ciprofloxacin emerging contaminant: Molecular dynamics simulation and Multiwfn wave function analysis [J]. Colloids and Surfaces A: Physicochemical and Engineering Aspects, 2021, 614: 126186.

[27] KRIS-ETHERTON P M, GRIEL A E, PSOTA T L, et al. Dietary stearic acid and risk of cardiovascular disease: Intake, sources, digestion, and absorption [J]. Lipids, 2005, 40 (12): 1193-1200.

[28] PRATES R E, VON FRANKENBERG A D, RODRIGUES T C. Dietary Fatty Acids and Cardiovascular Disease: A review [J]. Clinical & Biomedical Research, 2015, 35 (3): 126-133.

[29] TORREJÓN C, UAUY R. Quality of fat intake, atherosclerosis and coronary disease: Effects of saturated and trans fatty acids [J]. Revista Medica De Chile, 2011, 139 (7): 924-931.

[30] ALMEIDA E S, CARVALHO A C B, DE SOUZA SOARES I O, et al. Elucidating how two different types of bleaching earths widely used in vegetable oils industry remove carotenes from palm oil: Equilibrium, kinetics and thermodynamic parameters [J]. Food Research International, 2019, 121: 785-797.

[31] SANTOSO S P, ANGKAWIJAYA A E, YULIANA M, et al. Saponin-intercalated organoclays for adsorptive removal of β-carotene: Equilibrium, reusability, and phytotoxicity assessment [J]. Journal of the Taiwan Institute of Chemical Engineers, 2020, 117: 198-208.

[32] JI J M, XIE W L. Removal of aflatoxin B1 from contaminated peanut oils using magnetic attapulgite [J]. Food Chemistry, 2021, 339: 128072.

[33] LI S S，ZENG W，WANG B G，et al. Obtaining three cleaner products under an integrated municipal sludge resources scheme：Struvite，short-chain fatty acids and biological activated carbon [J]. Chemical Engineering Journal，2020，380：122567.

[34] 毕艳兰. 油脂化学 [M]. 北京：化学工业出版社，2005.

[35] 华娣，温琦，裘爱泳，等. 酶法甘油解连续制备甘油二酯的研究 [J]. 中国油脂，2009，34（5）：11-13.

[36] 胡雪芳，戴蕴青，李淑燕，等. 孜然精油成分分析及超临界萃取联合分子蒸馏纯化效果研究 [J]. 食品科学，2010，31（6）：230-234.

[37] 李默馨，刘晶，周晓丹，等. 超临界 CO_2 状态下直接酯化法制备共轭亚油酸甘油酯 [J]. 食品科学，2011，32（8）：29-32.

[38] 孙兆敏，李金章，王玉明，等. 酶法制备 n-3 多不饱和脂肪酸甘油三酯的工艺 [J]. 食品工业科技，2010，31（9）：262-264.

[39] Alim M. A.，Lee J. H.，Akoh C. C.，et al. Enzymatic transesterification of fractionated rice bran oil with conjugated linoleic acid：Optimization by response surface methodology [J]. Food Science and Technology. 41（5）：764-770.

[40] Erdweg K J. Molecular and short-path distillation [J]. Chemistry and Industry. 1983，2（5）：342-345.

[41] HA Y L，GRIMM N K，PARIZA M W. Anticarcinogens from fried ground beef：Heat-altered derivatives of linoleic acid [J]. Carcinogenesis，1987，8（12）：1881-1887.

[42] CHOI K O，RYU J，KWAK H S，et al. Spray-dried conjugated linoleic acid encapsulated with Maillard reaction products of whey proteins and maltodextrin [J]. Food Science and Biotechnology，2010，19

(4): 957-965.

[43] ZOSEL K. Separation with supercritical gases: Practical applications [J]. Angewandte Chemie International Edition in English, 1978, 17 (10): 702-709.

[44] 赵微，师文卓，曹然，等．酶法合成共轭亚油酸的研究进展 [J]. 食品研究与开发，2023，44 (9): 211-217.

[45] 李鹏超，顾学艳．共轭亚油酸对脂质代谢和身体成分组成影响的研究进展 [J]. 食品科学，2022，43 (7): 373-380.

[46] 沈琳洁，林荣发，张连岳，等．分子蒸馏技术分步法制备酶促酯交换反应的高含量 ω-3PUFA 鱼油甘油酯 [J]. 食品科学，2023，44 (20): 79-86.

[47] 温小荣，周二晓，袁媛，等．工业酶法和化学法酯交换在油脂改性应用中的比较 [J]. 中国油脂，2020，45 (5): 78-81.

[48] MANURUNG R, SIREGAR A G. Reusability of the deep eutectic solvent - novozym 435® enzymes system in transesterification from degumming palm oil [J]. Advanced Engineering Forum, 2020, 35: 9-17.

[49] SUN S D, LV Y P, WANG G S. Enhanced surfactant production using glycerol-based deep eutectic solvent as a novel reaction medium for enzymatic glycerolysis of soybean oil [J]. Industrial Crops and Products, 2020, 151: 112470.

[50] Galonde N, Richard G, Deleu M, et al. Reusability study of Novozym® 435 for the enzymatic synthesis of mannosyl myristate in pure ionic liquids [J]. Biotechnologie Agronomie Société Et Environnement, 2013, 17 (4): 556-562.

[51] GUMBYTĖ M, MAKAREVICIENE V, SENDZIKIENE E. Enzymatic transesterification of Atlantic salmon (salmo salar) oil with isoamyl al-

cohol [J]. Materials, 2023, 16 (3): 1185.

[52] KIBAR M E, HILAL L, ÇAPA B T, et al. Assessment of homogeneous and heterogeneous catalysts in transesterification reaction: A mini review [J]. ChemBioEng Reviews, 2023, 10 (4): 412-422.

[53] Taher H A Z S. Biodiesel production from Nannochloropsis gaditana using supercritical CO_2 for lipid extraction and immobilized lipase transesterification: Economic and environmental impact assessments [J]. Fuel Processing Technology, 2020, 198: 106249.

[54] MASSA T B, IWASSA I J, STEVANATO N, et al. Passion fruit seed oil: Extraction and subsequent transesterification reaction [J]. Grasasy Aceites, 2021, 72 (2): e409.

[55] MELNYK Y R, UNIVERSITY L P N, MELNYK S R, et al. Transesterification of sunflower oil's triglycerides by aliphatic alcohols C1-C4 [J]. Chemistry, Technology and Application of Substances, 2021, 4 (1): 99-104.

[56] RAHMAN M M, HASSAN T, RABBI M F, et al. Transesterification of vegetable oil with ethanol using different catalysts [C]//. Proceedings of the 13th International Conference on Mechanical Engineering (ICME2019) "," AIP Conference Proceedings. Dhaka, Bangladesh. AIP Publishing, 2021: 233954567.

[57] PÉREZ-MÉNDEZ M A, JIMÉNEZ-GARCÍA G, HUIRACHE-ACUÑA R, et al. Estimation of reaction rates of transesterification pathways [J]. Frontiers in Chemical Engineering, 2021, 3: 673970.

[58] MATEOS P S, NAVAS M B, MORCELLE S R, et al. Insights in the biocatalyzed hydrolysis, esterification and transesterification of waste cooking oil with a vegetable lipase [J]. Catalysis Today, 2021, 372:

211-219.

[59] OSEMWENKHAE P O, UADIA P O. Kinetic and transesterification properties of lipase from sprouted melon (cucumeropsis manni) seeds [J]. Journal of Applied Sciences and Environmental Management, 2021, 25 (7): 1341-1346.

[60] WANG Y D, WEI W, LIU R J, et al. Synthesis of eicosapentaenoic acid-enriched medium- and long-chain triglyceride by lipase-catalyzed transesterification: A novel strategy for clinical nutrition intervention [J]. Journal of the Science of Food and Agriculture, 2023, 103 (10): 4767-4777.

[61] MOHADESI M, AGHEL B, GOURAN A, et al. Transesterification of waste cooking oil using Clay/CaO as a solid base catalyst [J]. Energy, 2022, 242 (C): 242.

[62] MIOTTI R H Jr, CORTEZ D V, DE CASTRO H F. Transesterification of palm kernel oil with ethanol catalyzed by a combination of immobilized lipases with different specificities in continuous two-stage packed-bed reactor [J]. Fuel, 2022, 310: 122343.

[63] CETINBAS S, GUMUS-BONACINA C E, TEKIN A. Separation of squalene from olive oil deodorizer distillate using short-path molecular distillation [J]. Journal of the American Oil Chemists' Society, 2022, 99 (2): 175-179.

[64] CETINBAS S, GUMUS-BONACINA C E, TEKIN A. Separation of squalene from olive oil deodorizer distillate using short-path molecular distillation [J]. Journal of the American Oil Chemists' Society, 2022, 99 (2): 175-179.

[65] ID\ 'ARRAGA-V\ ' ELEZ\ M, OROZCO G A, GIL-CHAVES I D.

A systematic review of mathematical modeling for molecular distillation technologies [J]. Chemical Engineering and Processing: Process Intensification, 2023, 184: 109289.

[66] ZHU H Q, WANG X D, ZHANG W Y, et al. Fatty acid and triglyceride molecular species of milk fat fractionated by short-path molecular distillation [J]. International Journal of Food Science & Technology, 2023, 58 (7): 3742-3751.

[67] Zhang H, Bin L, Lin L, et al. Experimental study on lowering oleic acid value and peroxide value of camellia sinensis by scraping film molecular distillation [J]. E3S Web of Conferences, 2021, 251: 02029.

[68] 柴立孟，郭溆，荣耀，等. 超临界 CO_2 萃取制备腰果仁油工艺优化及其脂肪酸成分分析 [J]. 食品研究与开发，2023，44 (20): 90-97.

[69] 赵菁菁，田刚，姜天宇，等. 超临界 CO_2 流体萃取牡丹籽油工艺的研究 [J]. 中国粮油学报，2021，36 (1): 131-135，154.

[70] 宋玉卿，张雪，李钊，等. 稻米胚芽油的超临界 CO_2 萃取工艺优化 [J]. 中国油脂，2019，44 (12): 20-24.

[71] JIMENEZ M, GARCÍA H S, BERISTAIN C I. Spray-drying microencapsulation and oxidative stability of conjugated linoleic acid [J]. European Food Research and Technology, 2004, 219 (6): 588-592.

[72] FU J J, SONG L, LIU Y H, et al. Improving oxidative stability and release behavior of docosahexaenoic acid algae oil by microencapsulation [J]. Journal of the Science of Food and Agriculture, 2020, 100 (6): 2774-2781.

[73] H Chang, J Lee. Emulsification and oxidation stabilities of DAG-rich algae oil ater emulsions prepared with selected emulsifiers [J]. Journal

of the Science of Food and Agriculture [J]. Journal of the Science of Food and Agriculture, 2019, 100 (1): 287-294.

[74] HE H Z, HONG Y, GU Z B, et al. Improved stability and controlled release of CLA with spray-dried microcapsules of OSA-modified starch and xanthan gum [J]. Carbohydr Polym, 2016, 147: 243-250.

[75] TANG W T, PANG S X, LUO Y X, et al. Improved protective and controlled releasing effect of fish oil microcapsules with rice bran protein fibrils and xanthan gum as wall materials [J]. Food & Function, 2022, 13 (8): 4734-4747.

[76] KHALILVANDI-BEHROOZYAR H, DEHGHAN BANADAKY M, GHAFFARZADEH M. Investigating the effects of varying wall materials and oil loading levels on stability and nutritional values of spray dried fish oil [J]. Veterinary Research Forum: an International Quarterly Journal, 2020, 11 (2): 171-178.

[77] Song F , Li Y, Wang B, et al. Effect of drying method and wall material composition on the characteristics of camellia seed oil microcapsule powder [J]. Journal of the American Oil Chemists´ Society, 2021, 99 (4): 353-364.

[78] KAGAMI Y, SUGIMURA S, FUJISHIMA N, et al. Oxidative stability, structure, and physical characteristics of microcapsules formed by spray drying of fish oil with protein and dextrin wall materials [J]. Journal of Food Science, 2003, 68 (7): 2248-2255.

[79] HA Y L, GRIMM N K, PARIZA M W. Newly recognized anticarcinogenic fatty acids: Identification and quantification in natural and processed cheeses [J]. Journal of Agricultural and Food Chemistry, 1989, 37 (1): 75-81.

[80] WU F, ZHONG W, DAI Y J, et al. Supercritical CO_2-assisted Ru-Pd/USY synchronised isomerisation to produce rice bran oil rich in conjugated linoleic acid [J]. International Journal of Food Science & Technology, 2023, 58 (2): 567-573.

[81] GARCÍA-MORALES R, ZÚÑIGA-MORENO A, VERÓNICO-SÁNCHEZ F J, et al. Fatty acid methyl esters from waste beef tallow using supercritical methanol transesterification [J]. Fuel, 2022, 313: 122706.

[82] NGUYEN D D, HABIBI A, GHADAMI A, et al. Technical and economic analysis of conventional and supercritical transesterification for biofuel production [J]. Chemical Engineering & Technology, 2020, 43 (10): 1922-1929.

[83] YADAV G, FABIANO L A, SOH L, et al. Supercritical CO_2 transesterification of triolein to methyl-oleate in a batch reactor: Experimental and simulation results [J]. Processes, 2019, 7 (1): 16.

[84] 郭智鑫，郝丹丹，卞建明，等. GC-MS 结合化学计量学方法分析桂花净油分子蒸馏馏分的挥发性成分 [J]. 食品工业科技，2024，45 (7)：276-285.

[85] 刘玉兰，黄会娜，马宇翔，等. 两级分子蒸馏深度脱除油脂中 3-氯丙醇酯和缩水甘油酯 [J]. 中国油脂，2021，46 (6)：89-93.

[86] 付建平，韩晓丹，胡居吾，等. 分子蒸馏技术提取茶油脱臭馏出物中维生素 E [J]. 食品工业，2020，41 (9)：186-189.

[87] 刘玉兰，陈莉，张小龙，等. 分子蒸馏对沙棘果油中 8 种塑化剂组分脱除及综合品质的影响 [J]. 食品科学，2019，40 (13)：87-93.

[88] 连锦花，孙果宋，雷福厚. 分子蒸馏技术及其应用 [J]. 化工技术与开发. 2010，39 (7)：32-38.

[89] 刘秋云，李开雄，李宝昆. 利用分子蒸馏技术分离共扼亚油酸的研究 [J]. 食品工业. 2010 (4): 11-13.

[90] IVEY K, GUYEN X M T N, LI R F, et al. Association of dietary fatty acids with the risk of atherosclerotic cardiovascular disease in a prospective cohort of US Veterans [J]. The American journal of clinical nutrition. 2023, 118 (4): 763-772.

[91] MAHER T, DELEUSE M, THONDRE S, et al. A comparison of the satiating properties of medium-chain triglycerides and conjugated linoleic acid in participants with healthy weight and overweight or obesity [J]. European Journal of Nutrition, 2021, 60 (1): 203-215.

[92] Sidhu J S, Grewal R S, Lamba J S. Effect of conjugated linoleic acid (CLA) supplementation on dry matter intake, metabolisable energy intake and changes in bodyweight of crossbred cows during transition period [J]. Indian Journal of Animal Nutrition, 2023, 2 (40): 122-128.

[93] Dudi K, Khatkar A B, Chandla N K. Conjugated Linoleic Acid: A concise review on components and functions [J]. Indian Food Industry Mag, 2022, 4 (5): 36-47.

[94] COSTA W A, BEZERRA F W F, OLIVEIRA M, et al. Supercritical CO_2 extraction and transesterification of the residual oil from industrial palm kernel cake with supercritical methanol [J]. The Journal of Supercritical Fluids, 2019, 147: 179-187.

[95] Gabitova A R, Kurdyukov A I, Gumerov F M, et al. DFT Study of Transesterification and Hydrolysis of the Fatty Acid Triglycerides, Carried Out under Supercritical Fluid Conditions. Analysis of Thermochemistry and Kinetics [J]. Journal of Engineering and Applied Sciences,

2019，15（2）：460-467.

[96] MINIERI S，SOFI F，MANNELLI F，et al. Milk and conjugated linoleic acid：A review of the effects on human health [J]. Topics in Clinical Nutrition，2020，35（4）：320-328.

[97] Hamura M，Yamatoya H，Kudo S. Glycerides Rich in Conjugated Linoleic Acid（CLA）Improve Blood Glucose Control in Diabetic C57BLKS-Leprdb/leprdb Mice [J]. Journal of Oil Chemists Society Japan，2002，50（11）：889-894.

[98] YAZDI Z K，ALEMZADEH I. Kinetic mechanism of conjugated linoleic acid esterification and production of enriched glycerides as functional oil [J]. The Canadian Journal of Chemical Engineering，2017，95（11）：2078-2086.

[99] Zuta C P，Simpson B K，Yeboah F K. Synthesis of acylglycerols from ω-3 fatty acids and conjugated linoleic acid isomers [J]. Biotechnology and Applied Biochemistry，2006，43（1）：25-32.

[100] YETTELLA R R，CASTRODALE C，PROCTOR A. Oxidative stability of conjugated linoleic acid rich soy oil [J]. Journal of the American Oil Chemists' Society，2012，89（4）：685-693.

[101] 裴慧敏，李亚蕾，曹松敏，等. 滩羊尾脂共轭亚油酸微胶囊的理化性质及其潜在生物活性评估 [J]. 食品科学，2024，45（4）：68-76.

[102] 杨佳，侯占群，贺文浩，等. 微胶囊壁材的分类及其性质比较 [J]. 食品与发酵工业，2009，35（5）：122-127.

[103] 刘勋，胡敏，罗合春，等. 变性淀粉微胶囊包埋剂的应用性能比较研究 [J]. 食品研究与开发，2010，31（3）：10-13.

[104] 陈莉纯，生庆海，刘敬科，等. 杏仁油的功能特性、提取和微胶

囊化研究综述［J］. 食品工业科技，2024，45（5）：384-392.

［105］陈君玉，陈琨，刘竞阳，等. 微胶囊技术包埋不饱和脂肪酸的研究进展［J］. 食品工业科技，2023，44（14）：16-27.

［106］高向新，陈永福，乌斯嘎勒. 益生菌微胶囊的制备及其在食品中应用的研究进展［J］. 食品工业科技，2023，44（3）：19-28.

［107］刘小亚，万仁口，范亚苇，等. EPA 藻油微胶囊工艺及其制备过程中脂肪酸组成的变化［J］. 中国食品学报，2020，20（3）：121-129.

［108］宋晓秋，徐亚杰，肖瀛，等. 肉桂精油微胶囊对小鼠抗氧化活性与肠道菌群的影响［J］. 食品科学，2021，42（17）：143-152.

［109］WANG W，ZHANG W W，LI L，et al. Biodegradable starch-based packaging films incorporated with polyurethane-encapsulated essential-oil microcapsules for sustained food preservation［J］. International Journal of Biological Macromolecules，2023，235：123889.

［110］RODRÍGUEZ-CORTINA A，HERNÁNDEZ-CARRIÓN M. Microcapsules of Sacha Inchi seed oil（*Plukenetia volubilis* L.）obtained by spray drying as a potential ingredient to formulate functional foods［J］. Food Research International，2023，170：113014.

［111］PARAGODAARACHCHI Y L，WICKRAMARACHCHI S R. Lemongrass oil containing chitosan microcapsules by ionotropic gelation［J］. Asian Journal of Chemistry，2022，34（9）：2337-2342.

［112］LV H X，HUO SS，ZHAO L L，et al. Preparation and application of cinnamon-Litsea cubeba compound essential oil microcapsules for peanut kernel postharvest storage［J］. Food Chemistry，2023，415：135734.

［113］ALI AL-MAQTARI Q，ALI ALKAWRY T A，ODJO K，et al. Improving the shelf life of tofu using chitosan/gelatin-based films incorporated withPulicaria jaubertii extract microcapsules [J]. Progress in Organic Coatings, 2023, 183: 107722.

[114] EFE B. Analyzing the impact of spray-drying parameters on the microcapsules of bioactive ingredients and physicochemical properties of strawberry juice powders [J]. The Austrian Journal of Technical and Natural Sciences, 2022 (5/6): 68-78.

[115] YU X H, GONG B Y, LI M Y, et al. Study on antioxidant activity of wheat bran extract microcapsules *in vitro* and *in vivo* [J]. International Journal of Food Science & Technology, 2023, 58 (3): 1130-1137.

[116] ZHANG C, ZHOU W T, XIANG J Q, et al. Fabrication, characterization, and oxidative stability of perilla seed oil emulsions and microcapsules stabilized by protein and polysaccharides [J]. Journal of Food Processing and Preservation, 2022, 46 (11).

[117] LIU B, WANG X, LU L, et al. Tannic acid modulated the wall compactness of cinnamaldehyde-loaded microcapsules and enhanced inhibitory effect on Aspergillus brasiliensis [J]. International Journal of Food Science and Technology, 2022, 57 (8): 5357-5365.

[118] SHI Z X, KONG G Y, WANG FF, et al. Improvement in the stability and bioavailability of pumpkin lutein using β-cyclodextrin microcapsules [J]. Food Science & Nutrition, 2023, 11 (6): 3067-3074.

[119] 李鹏超，顾学艳．共轭亚油酸对脂质代谢和身体成分组成影响的研究进展 [J]. 食品科学，2022，43 (7)：373-380.

[120] 王武，李琪玲，潘见．共轭亚油酸对小鼠肥胖的抑制作用 [J].

食品科学，2016，37（3）：211-216.

[121] 莫秋芬，邓伶俐，李杨，等．月桂酸单甘油酯对小鼠肠道菌群调节作用的时间依赖效应［J］. 中国食品学报，2021，21（5）：96-107.

[122] ABEDI E，ROOHI R，HASHEMI S M B，et al. Horn ultrasonic-assisted bleaching of vegetable oils with various viscosities as a green process：Computational fluid dynamics simulation of process［J］. Industrial Crops & Products，2020，156：112845.

附　录

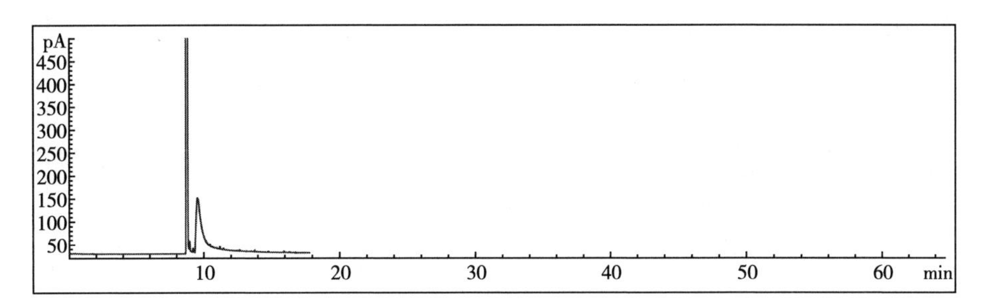

附图 1　CLA 标准品的 GC 图

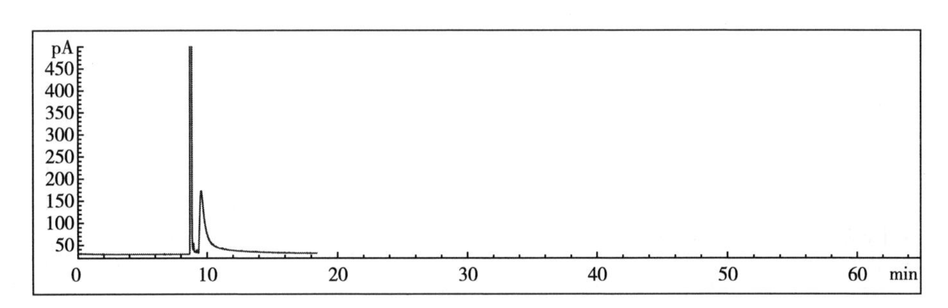

附图 2　CLA 原料的 GC 图

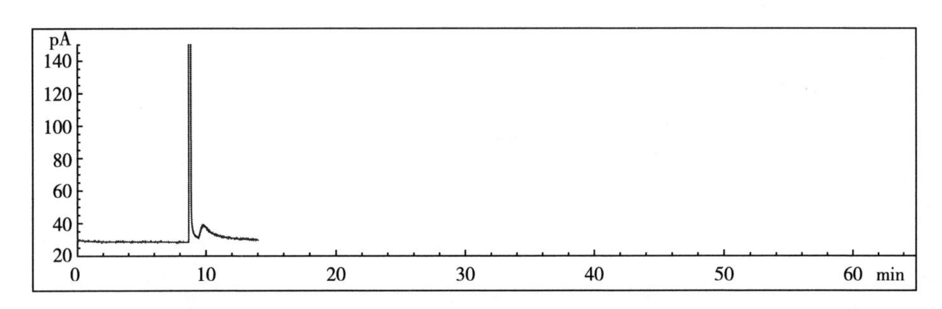

附图 3　富含 CLA 的大豆油的 GC 图

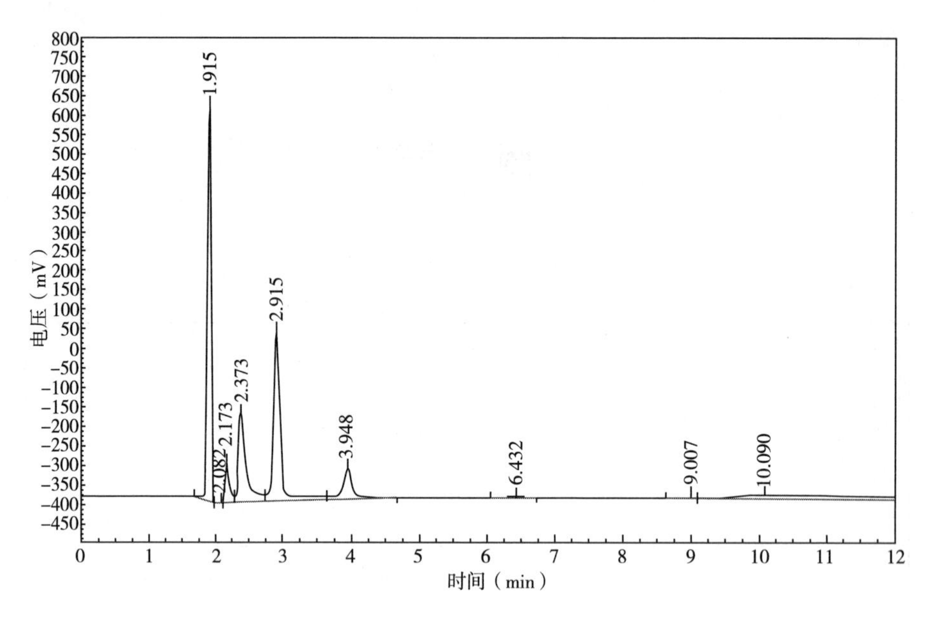

附图 4　混合甘油酯标样的 HPLC 图

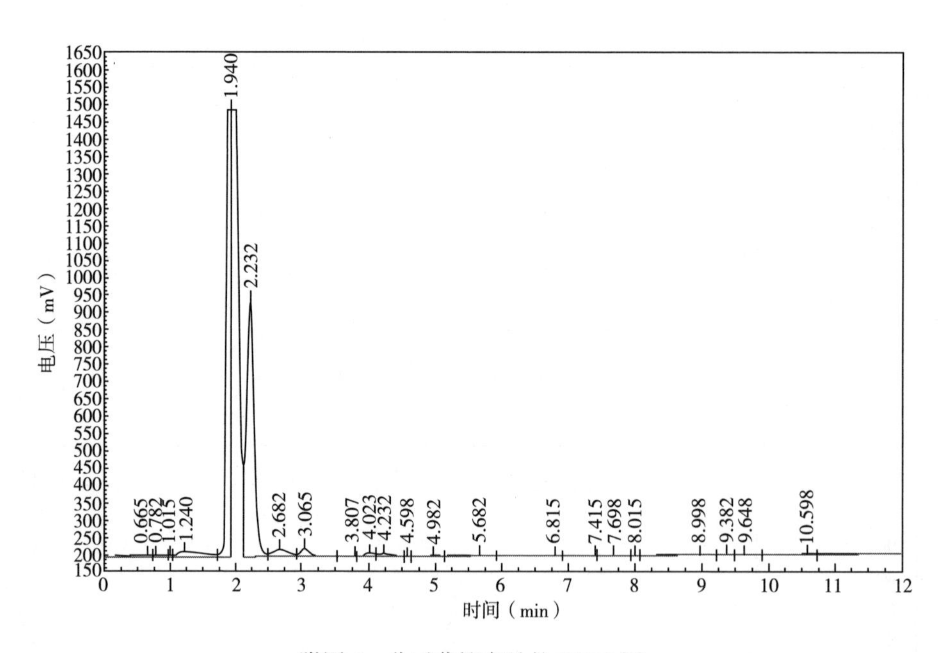

附图 5　分子蒸馏产品的 HPLC 图